动物常见病特征与防控知识集要系列丛书

常见病特征与防控知识集要

袁维峰　主编

中国农业科学技术出版社

图书在版编目（CIP）数据

鸭鹅常见病特征与防控知识集要 / 袁维峰主编 .—北京：中国农业科学技术出版社，2016. 1

（动物常见病特征与防控知识集要系列丛书）

ISBN 978 – 7 – 5116 – 2296 – 9

Ⅰ. ①鸭…　Ⅱ. ①袁…　Ⅲ. ①鸭病 – 防治②鹅病 – 防治　Ⅳ. ①S858. 3

中国版本图书馆 CIP 数据核字（2015）第 240159 号

责任编辑　徐　毅　褚　怡
责任校对　贾海霞

出 版 者　中国农业科学技术出版社
北京市中关村南大街 12 号　邮编：100081
电　　话　(010)82106631(编辑室)　(010)82109702(发行部)
(010)82109709(读者服务部)
传　　真　(010)82106631
网　　址　http://www.castp.cn
经 销 者　各地新华书店
印 刷 者　北京昌联印刷有限公司
开　　本　880mm ×1230mm　1/32
印　　张　5. 875
字　　数　150 千字
版　　次　2016 年 1 月第 1 版　2017 年 3 月第 2 次印刷
定　　价　18. 00 元

动物常见病特征与防控知识集要系列丛书

《鸭鹅常见病特征与防控知识集要》

编　委　会

编委会主任　史利军

编委会委员　史利军　袁维峰　侯绍华
　　　　　　胡延春　曹永国　王　净
　　　　　　刘　锴　秦　彤　金红岩

主　　　编　袁维峰

副　主　编　王少辉　汪　洋　曹永国

编 写 人 员　（以姓氏笔画为序）
　　　　　　马　喆　王雪鹏　刘佳丽　刘　萌
　　　　　　吴殿君　何　雷　余祖华　易　力
　　　　　　孟春春　侯绍华　姜一瞳　贾　红
　　　　　　贾艳艳　郭昌明　郭晓宇　韩先干
　　　　　　谭　磊　鑫　婷

序

我国家畜、家禽及伴侣动物的饲养数量与种类急剧增加，伴随而来的动物疾病防控问题越来越突出。动物疾病，尤其是传染病，不仅影响动物的健康生长，而且严重威胁到了畜主、基层一线人员自身的安全，该类疾病的发生引起了社会的广泛关注，所以有必要对主要动物疾病有整体的了解与把握。由于环境的改变、饲料种类与质量的变化等因素造成的动物普通病，严重制约了当前农村养殖业的稳定持续协调健康发展，必须高度重视这些问题。

为使全国广大养殖户及畜主重视动物疾病的防控，掌握动物疾病防控的基本知识和最新进展，并有针对性地采取相关措施，拟编写该系列丛书。该丛书让养殖户、畜主等基层一线读者系统全面地了解动物疾病防治的基础知识以及病毒性传染病、细菌性传染病、寄生虫病、营养缺乏和代谢病、普通病、繁殖障碍病等的临床表现与症状，找出治疗方法，正确掌握动物疾病的用药基本知识，做到药到病除。

该系列书从我国目前动物疾病危害及严重流行的实际出发，针对制约我国养殖生产水平、食品安全与公共卫生安全等关键问题，详细介绍各种动物常见病的防治措施，包括临床表现、诊治技术、预防治疗措施及用药注意事项等。选择多发、常发的动物普通病、繁殖障碍病、细菌病、病毒病、寄生虫病进行详细介绍。全书做到文字简练，图文并茂，通俗易懂，科学实用，是基层兽医人员、养殖户一本较好的自学教科书与工具书。

该系列丛书是落实农村科技工作部署，把先进、实用技术推广到农村，为新农村建设提供有力科技支撑的一项重要举措。该系列丛书凝结了一批权威专家、科技骨干和具有丰富实践经验的专业技术人员的心血和智慧，体现了科技界倾注“三农”，依靠科技推动新农村建设的信心和决心，必将为新农村建设做出新的贡献。

丛书编写委员会

2014 年 9 月

前　　言

我国是鸭鹅养殖和消费传统大国，鸭鹅产业在畜牧经济发展和人们生活水平中均占据极其重要的地位。随着我国鸭鹅等水禽养殖业的迅猛发展和集约化程度不断提高，鸭鹅疫病种类在增加，疫病表现形式也更为复杂。长期以来，鸭鹅的一些老病绵延不绝，新病不断出现，重大疫病时有发生。细小病毒病、病毒性肝炎、禽流感、大肠杆菌病、巴氏杆菌病、沙门氏菌病等老病常年存在，未得到理想的控制，往往造成严重的经济损失。禽流感病毒持续变异，给公共卫生安全带来隐患。大肠杆菌等病原血清型持增加，使得临床疫病呈多样化趋势。条件性致病性疫病频繁发生，细菌耐药谱扩大。鸭鹅疫病不仅种类在不断增加，而且由两种或两种以上病原体对鸭鹅群或个体协同致病、并发、继发的混合感染也是屡见不鲜，这就给诊断和防治带来一定困难。再加上一些养殖户防疫意识淡薄，缺乏科学的免疫程序，饲养方式落后，生物安全和检疫制度不到位，因此，由于疫病的流行往往会造成严重的损失。

在科技兴农的新形势下，群众对科技知识的需求也在日益提高，也需要鸭鹅防治方面的科普读物和指南。为了更好的防治鸭鹅疫病，做好鸭鹅的健康养殖，我们组织了一批拥有科研、教学和临床经验的人员编写了本书。

本书分为鸭鹅的病毒和细菌传染病、寄生虫病、营养代谢、中毒和普通病共五章，包括国家中长期动物疫病防治规划（2012—2020年）优先防治的高致病性禽流感、新城疫、沙门氏菌病等重点防范的动物疫病，也包括其他的常见疫病。每章分别从病原、病因、临床症状、诊断及防治进行阐述，力求通俗易懂、言简意赅。

参与本书编写的作者来自以下单位，中国农业科学院北京畜牧兽医研究所（袁维峰、郭晓宇、侯绍华、贾红、鑫婷、姜一曈），中国农业科学院上海兽医研究所（王少辉、韩先干、孟春春、谭磊），河南科技大学动物科技学院（汪洋、贾艳艳、余祖华、何雷），吉林大学动物医学学院（曹永国、郭昌明、吴殿君），洛阳师范学院（易力），南京农业大学动物医学院（马喆），山东农业大学动物科技学院（王雪鹏），吉林省动物卫生监督所（刘佳丽），吉林正大实业有限公司（刘萌）。本书可作为从事兽医、畜牧生产工作者，畜牧兽医教学、科研人员的参考。

本书的编写得到中国农业科学院科技创新工程（cxgc-ias-11）、国家“863”计划（2012AA101302）项目的资助，在此表示感谢。

在本书的编写过程中，参考和引用了大量文献资料，再次表示感谢。

由于本书涉及内容广泛，编者水平有限，不足之处在所难免，敬请广大读者批评指正。

编　者

2015年4月于北京

目　录

第一章　鸭鹅的传染病

第一节　鸭鹅的常见病毒性传染病

一、禽流感

鸭流感是由A型流感病毒引起鸭的多症状疫病。单纯的鸭流感死亡率较低，继发细菌感染是致死的重要原因，是当今危害养鸭业最为严重的疫病。

1. 病原

正黏病毒科的A型流感病毒是鸭流感的病原体，球状或短杆状，直径80～120nm，为RNA病毒。鸭流感病毒毒株致病力差异大，即使抗原性相同的毒株，对不同鸭类的毒力也不完全相同。该病毒抵抗力较弱，能被多种消毒剂（如煤酚皂、甲醛）有效杀灭，65～70℃数分钟即可灭活病毒，而干燥、低温环境有利于其存活。

2. 流行特点

本病在养鸭业发达的国家均有报道，但只在少数国家引起过较高的发病率和死亡率，故多数人认为水禽只是流感病毒的携带者，并不发病。目前认为，鸭不仅对流感病毒高度易感，且可横向传染陆生禽类而成为传染源。最近有关资料表明，一种H_5亚型流感毒株对各日龄和各品种的鸭均具有高度致病性。本病对纯种番鸭的致死率高于其他品种。雏鸭发病率高达100%，病死率

30% ~95%。本病一年四季均可发生，主要发病季节为冬、春两季。

患病禽、病死禽和带毒禽均为该病的传染源，其粪便中含毒量较高，易污染周围环境。发生该病的鸭群易并发或继发鸭传染性浆膜炎、鸭副伤寒、鸭霍乱或鸭大肠杆菌病等。

3. 临床表现与特征

患病鸭临床主要表现为各种精神症状，多闭眼蹲伏，精神萎靡，共济失调。多数病鸭会出现呼吸道症状，病初打喷嚏，鼻腔内有浆液性或黏液性分泌物，呼吸困难。急性病死鸭可见上喙与足蹼发绀或出血，排白色或青绿色稀粪。产蛋鸭感染数天内产蛋量迅速下降。中等毒力流感病毒感染的病鸭或经免疫的鸭均出现体况消瘦、生长发育迟缓等现象。

急性死亡的病鸭，皮下充血、皮下脂肪有散在性出血点。呼吸道有大量干酪样物质或出血。肺出血或淤血。肝脏肿大并呈淡土黄色，有出血斑。胰腺出血，表面有大量针尖状白色坏死点，或有透明样坏死点、坏死灶。心冠脂肪有点状出血，心肌有灰白色条状或块状坏死灶。肠道黏膜有出血点或出血环。肾脏肿大，呈花斑状出血。此外，还见脑膜出血，脑组织局灶性坏死。

患病产蛋鸭的病变主要发生在卵巢，卵泡膜严重充血、出血，呈紫葡萄状，蛋白分泌部有凝固蛋清。输卵管黏膜出血、水肿，附有豆腐渣样凝块（图 1 –1、图 1 –2）。

4. 临床诊断

根据该病的特征临床症状和剖检病变可作出初步诊断，但确诊须依靠实验室诊断。

病毒分离　选择流行早期并伴有典型病变的患病鸭采集病料。无菌采集肝脏、脾脏等组织器官，制成病毒分离材料。

鸭胚接种　将上述病毒分离材料接种于未经鸭流感病毒免疫的鸭胚中，18 小时后无菌采集绒毛尿囊液。

图 1－1　肺出血

（图片引自黄瑜《鸭病诊治图谱》）

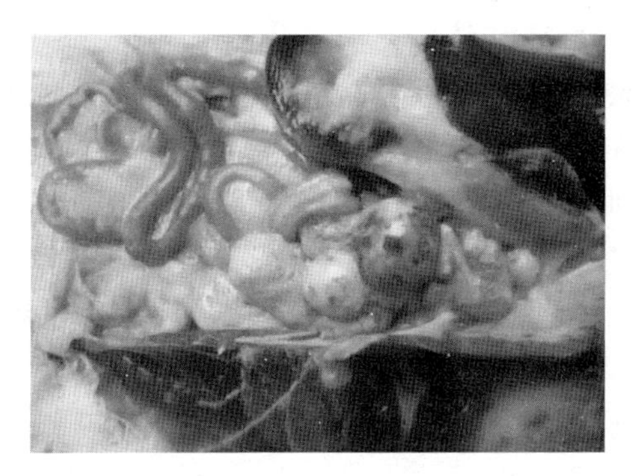

图 1－2　卵泡膜出血

（图片引自黄瑜《鸭病诊治图谱》）

对绒毛尿囊液进行血凝试验、血凝抑制试验或琼脂扩散试验等确诊。

5. *防治*

控制本病的传入是防治鸭流感的关键。做好种鸭、种蛋的检疫工作，采用全进全出的饲养方式，在相关部门许可的情况下进行免疫防治，鸭流感灭活苗具有良好的免疫保护作用，利用相应血清型的灭活苗接种是预防本病的主要措施。

发病时，立即上报疫情，对疫点疫区进行封锁，病鸭、死鸭进行无害化处理。对该病的治疗并无切实可行的治疗办法，但从预防细菌继发感染的角度出发，可选用氟甲砜霉素注射液肌内注射，每次20mg/kg体重，每2天1次，连用2次。或甲砜霉素或氟甲砜霉素内服，每次20～25mg/kg体重，每天1次，连用4天。

二、副黏病毒病

鸭副黏病毒病又称为鸭源性新城疫，是由新城疫病毒引起的对我国养鸭业产生巨大危害的一种病毒性传染病。

1. 病原

新城疫病毒属于副黏病毒科，副黏病毒属，为RNA病毒，完整病毒粒子呈近圆形，直径120～300nm，有囊膜，在囊膜外层呈放射状排列的突起物具有能刺激宿主产生抑制红细胞凝集素和病毒中和抗体的抗原成分。

该病毒对乙醚、氯仿敏感，60℃环境中30分钟即可使其失活，在冷冻尸体中可存活6个月以上，常用消毒剂即可将其杀死。对pH值稳定，pH值3～10不被破坏。

2. 流行特点

新城疫病毒的最初宿主主要是鸡，经过几次世界范围内大流行后，其宿主范围已经明显扩大，鸭也是其主要宿主之一。其发病率可达20%～60%，死亡率达10%～15%，有的鸭群甚至高达90%以上。本病没有明显的流行季节，一年四季均可发生。本病的传播途径主要是呼吸道和消化道，鸭蛋也可带毒传播本病，创伤及交配也可引起传染，非易感的野禽、外寄生虫、人畜均可机械地传播本病。

3. 临床表现与特征

病鸭初期精神不振，食欲减少，饮水增加，缩颈闭眼，体重迅速减轻，两腿无力，蹲伏或瘫痪，早期排白色稀粪，中期红色，后期绿色或黑色；有些病鸭甩头、呼吸困难，口中有黏液蓄积；感染后期，部分病鸭出现摇晃、打转、角弓反张等神经症状。感染新城疫的种鸭，主要表现为产蛋量下降，出现软壳蛋、无壳蛋、小型蛋等。有的严重病鸭在12h后出现全身衰竭而死亡。

病鸭肝脏轻度肿大，局部颜色发黄，散在针尖大出血点或边缘有粟粒样白色坏死灶；胆囊扩张，充满胆汁；腺胃黏膜表面有少许纤维素样渗出物，渗出物剥离后有少许针尖大出血点或出血斑；肠黏膜呈块状或条带状出血，严重病例可出现肠黏膜坏死。胰腺轻微出血，有少许针尖大至粟粒大白色坏死灶。脾脏体积正常或者缩小，表面有少许针尖大白色坏死灶；胸腺有数量不等针尖大出血点或出血斑；腔上囊肿大；后期胸腺等免疫器官多呈萎缩变化；肾脏局部肿大，有的呈花斑状；心外膜和心内膜有出血点或出血斑；气管黏膜轻微或严重出血；肺脏局部淤血（图1－3、图1－4）。

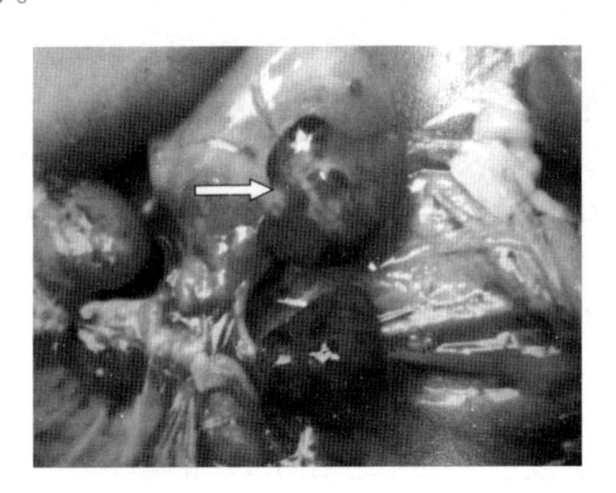

图1－3　脾脏肿大、出血

（图片引自 http：//www. tccxfw. com）

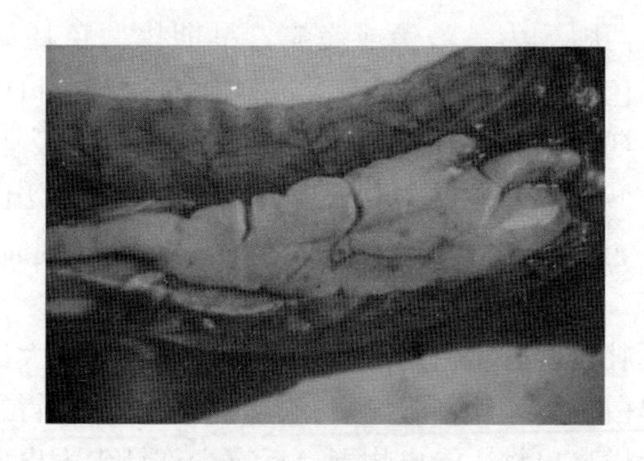

图 1－4　胰脏出血

（图片引自 http：//www. tccxfw. com）

4. 临床诊断

根据本病的流行病学、症状和病变进行综合分析，可做初步诊断。

实验室检查有助于对本病的确诊。病毒分离和鉴定是诊断该病的最可靠的方法，常用的是鸭胚接种、红细胞凝集和红细胞凝集抑制试验。

5. 防治

鸭新城疫的防控对我国养禽业发展十分重要。新城疫的防治工作是一项综合性工程，饲养管理、防疫、消毒、免疫及监测 5 个环节缺一不可。加强饲养管理和兽医公共卫生，注意饲料的营养，减少应激刺激，提高鸭群的整体健康水平。

目前，有两种疫苗可用于免疫接种。一种是强毒苗，可擦涂于泄殖腔黏膜，当黏膜出现水肿和出血性炎症，表示接种有效，只可用于发病鸭场。另一种是弱毒疫苗，经滴鼻、点眼免疫。弱毒苗毒性较强，须严格按照说明书进行免疫。

三、鸭细小病毒病

鸭细小病毒病是由番鸭细小病毒引起的一种以腹泻、呼吸困难和软脚为特征的疫病。发病率和死亡率均较高，是一类不同于小鹅瘟的新疫病。

1. 病原

番鸭细小病毒属于细小病毒科，细小病毒属，为单链 DNA 病毒，具有实心和空心两种病毒颗粒，无囊膜，直径为 22～24nm。病毒可在番鸭胚中增殖，对 10～12 日龄鸭胚具有致死性。经血清中和试验证明，番鸭细小病毒和小鹅瘟之间有交叉反应。该病毒对乙醚、胰蛋白酶、酸和热均不敏感，但对紫外线敏感。

2. 流行特点

雏番鸭是本病的唯一自然发病动物，发病率和死亡率与日龄关系密切，因 2～4 周龄发病者较多，故又称为“三周病”。随着日龄的增长，易感性降低。病愈鸭大多成为僵鸭。成鸭可感染但不发病，成为带毒者。本病通过消化道和呼吸道传播，病鸭排泄物污染的饲料、水源和垫料等均为传染源。本病的发生无明显季节性，但由于冬、春两季气温较低，育雏室空气较为闭塞，故发病率和死亡率较高。

3. 临床表现与特征

本病潜伏期一般为 4～9 天，病程 2～7 天，根据病程可将其分类为急性型和亚急性型。

急性型　多见于 7～14 日龄雏番鸭，病雏鸭出现不同程度的腹泻，排出淡绿色或灰白色稀便，并黏附于肛门周围。临死前有神经症状，表现为精神萎靡，两翅下垂，羽毛蓬松，厌食、离群。部分病雏鸭出现喙端发绀，呼吸困难。该型病程一般为 2～4 天，濒死前两脚麻痹，倒地，衰竭死亡。

亚急性型　多见于日龄较大的雏鸭，病死率较低，主要表现为精神萎靡，双脚无力，喜蹲伏。病愈鸭大多成为僵鸭。

该病的剖检病变主要在消化道。腺胃和肌胃黏膜水肿、出血，交界处黏膜溃疡、糜烂，腺胃角质层糜烂脱落。肠道外观肿胀，肠道黏膜出血，其中，十二指肠尤甚。小肠中、后段黏膜坏死脱落，形成栓子堵塞肠腔。有些病例还可见胰脏坏死和出血（图1－5）。

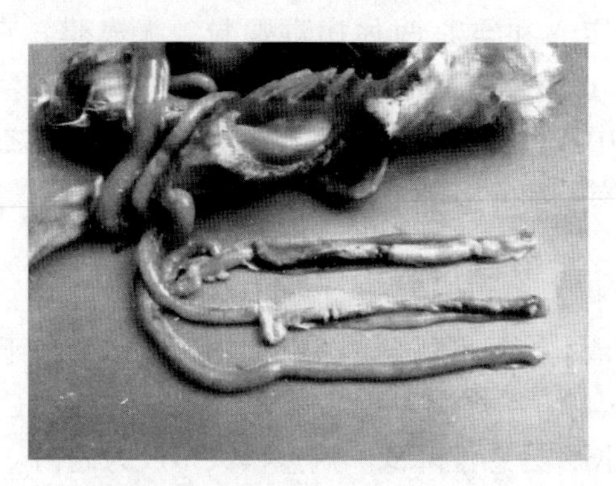

图1－5　肠腔内形成腊肠样栓子

（图片引自黄瑜等文献《鸭病诊治图谱》）

4. 临床诊断

根据流行病学调查，本病具有较高的死亡率，且仅发生于2～4周龄的雏番鸭，其他禽类不发病。临床表现为软脚、呼吸困难和腹泻，结合剖检变化可作初步诊断。利用实验室检测可进一步确诊，其中，包括采集病料，制备病毒分离接种材料，中和试验和琼脂扩散试验等。

5. 防治

该病的发生与流行主要通过早期感染和孵坊传播，因此要着重加强孵坊的消毒工作和出壳后的饲养管理。孵坊及用具、设备使用后必须清洗消毒。种蛋先清除蛋壳表面污物，再用0.1%新洁尔灭或50%百毒杀作3 000倍稀释、洗涤、消毒、晾干，入孵当天用福尔马林熏蒸消毒。育雏温度适宜，注意通风换气，防止密度过大。雏番鸭孵化出后4周内必须隔离饲养。

对于本病的预防，雏番鸭一般于1～2日龄注射小鹅瘟弱毒苗或雏番鸭细小病毒与小鹅瘟二联苗，每羽肌注0.2ml。种番鸭在产蛋前2～3周肌注小鹅瘟弱毒苗1ml，1个月后所产蛋可留作种用。

一旦诊断为本病时，应尽快将发病雏番鸭和健康雏番鸭分开，及时注射抗小鹅瘟高免血清或高免卵黄抗体1～2ml/羽，同时适当使用抗生素防止继发感染。

四、鹅细小病毒病（小鹅瘟）

小鹅瘟又称鹅细小病毒病，是由小鹅瘟病毒引起的雏鹅和雏番鹅的一种急性或亚急性败血性传染病，主要侵害3～20日龄小鹅，以传染快，高发病率，高死亡率，严重下痢，以及渗出性肠炎为特征，是严重危害养鹅业的重要传染病。小鹅瘟是由我国著名动物传染病专家方定一于1956年首次发现并分离鉴定命名。

1. 病原

小鹅瘟病毒为细小病毒科细小病毒属成员，病毒粒子呈球形或六角形，无囊膜，正20面体对称，核酸为单股线状DNA，病毒直径为20～22nm。

小鹅瘟病毒与一些哺乳动物细小病毒不同，不能凝集禽类、哺乳动物和人类O型红细胞，但能凝集黄牛精子，并能被抗小鹅瘟血清所抑制。对不良环境的抵抗能力强，肝脏病料和鹅胚绒毛尿囊液内的病毒在－8℃冰箱内至少能存活9年，－60℃超低温冰箱内存活15年，能抵抗氯仿、乙醚和胰蛋白酶等作用。65℃加热30分钟对病毒滴度无影响，56℃经3小时的作用下仍有感染性。

2. 流行特点

自然病例仅发生于1月龄以内各种品种的雏鹅和雏番鸭。发病率与死亡率的高低取决于易感雏鹅的日龄。1周以内的雏鹅死亡率可达100%，10日龄以上者死亡率一般不超过60%，1月龄以上者极少发病，少数患鹅可自行耐过。

本病主要传染源为病雏鹅或带毒成年鹅，病雏鹅从粪便中排出大量病毒，可导致感染通过直接或间接接触的方式而迅速传播，而最严重的爆发发生在病毒垂直传播后的易感雏鹅群。大龄鹅表现为亚临床或潜伏感染。

在每年全部淘汰种鹅群的区域，小鹅瘟的流行具有一定周期性，在大流行后当年，鹅群都将获得主动免疫，因此，第二年一般不会在同一地区发生大流行。而在每年更换部分种鹅群的区域，一般无大流行，但会出现不同程度的流行，死亡率较低，一般为20%～30%。

3. 临床表现与特征

据病程的长短分为最急性型、急性型和亚急性型。

最急性型常见于1周龄以内的雏鹅，未表现出任何症状突然发病，雏鹅倒地，昏迷，双脚呈划水状，很快死亡。鼻孔有少量浆液性分泌物，喙端发绀，蹼色泽变暗。

急性型常发于1～2周龄的雏鹅，病初精神沉郁，缩头，步行困难，离群，独居，厌食，食管部松软，严重下痢，粪呈黄白色，水样，有气泡。从口腔外排黄白色气泡或含纤维碎片的液状稀便，临死前可出现颈部扭转，全身抽搐或两腿瘫痪等神经症状。喙前端颜色变深（发绀），鼻腔分泌物增多，张口呼吸，鼻孔有棕褐色或绿褐色分泌物。嗉囊内有多量液体和气体。眼结膜干燥，全身有脱水征象，病程一般为2天左右。

亚急性型多见于流行后期，2周龄以上的雏鹅，尤其是3～4周龄。表现为精神委顿，消瘦，拉稀，站立不稳，鼻孔周围沾污多量分泌物和饲料碎片。病程一般为3～7天。

剖检病变：最急性型，仅见小肠前段黏膜肿胀充血，覆盖有大量淡黄色黏液，表现为急性卡他性炎症变化。急性型呈全身性败血症变化，全身脱水，皮下组织显著充血。多数病变在小肠中、下段，外观极度膨大，形如香肠状，呈淡灰白色，质地坚实。从膨大部与不肿胀的肠段连接处可清楚地看到肠道被阻塞的现象。膨大部肠腔内充塞着淡灰白色或淡黄色干燥的栓状物，其将肠腔完全阻塞。肝脏肿大，质地变脆，呈紫红或暗红色。肺脏质地坚实，呈不同程度充血，有出血斑。亚急性型，患鹅肠道栓子病变更典型（图1－6、图1－7、图1－8）。

图1－6　毛松颈缩

（图片引自 http：//www. ggsgg. com）

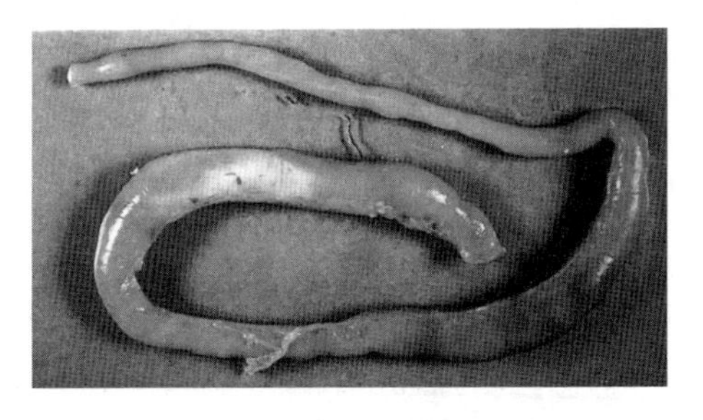

图1－7　小肠部分肠段显著膨大

（图片引自崔治中《禽病诊治彩色图谱》）

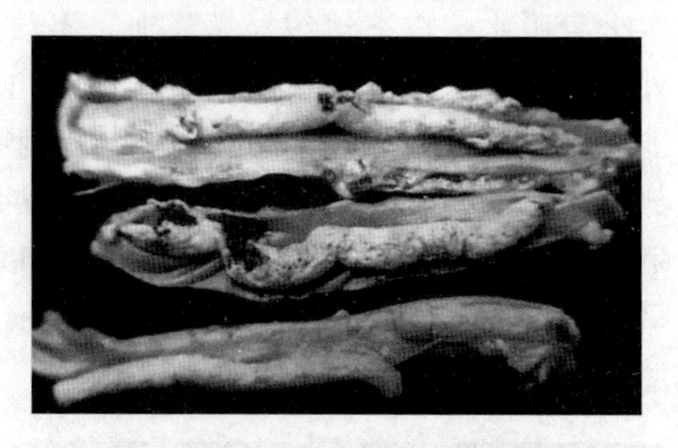

图1－8　肠腔内栓塞状物堵塞

（图片引自崔治中《禽病诊治彩色图谱》）

4. 临床诊断

小鹅瘟在流行病学、临床症状和某些组织器官的病理变化方面与其他一些鹅传染病如鹅流感、雏鹅副伤寒等相似，故需通过病毒分离鉴定本病。

取病雏鹅脾、胰或肝脏的匀浆上清液，接种于12～15日龄鹅胚或其原代细胞培养，主要病变为胚体皮肤充血、出血。心肌、肝脏变性坏死。死亡鹅胚或细胞培养中的小鹅瘟病毒可用免疫荧光法进一步鉴定。

5. 防治

目前，还没有有效的药物对小鹅瘟进行治疗，因此，该病重在免疫和预防。

免疫接种：多使用小鹅瘟弱毒疫苗对种鹅和雏鹅进行免疫。种鹅免疫100天以上，所产蛋孵化的雏鹅，在出炕24小时内应用1：50～1：100稀释的弱毒苗进行免疫，每只雏鹅皮下注射0.1ml，免疫7天内严格隔离饲养，防止强毒感染，保护率达95%左右。及早注射抗小鹅瘟高免血清能制止80%～90%已被感染的雏鹅发病。由于病程短，抗血清的治疗效果甚微。对处于潜伏期的雏鹅，每只注射血清0.5ml，已出现初期症状者2～

3ml，均为皮下注射。

五、鸭瘟

鸭瘟又名鸭病毒性肠炎，是由鸭瘟病毒引起的一种急性败血性传染病，以发病迅速，高发病率和高死亡率为特征，严重威胁着养鸭业的发展。

1. 病原

鸭瘟病毒属于疱疹病毒科疱疹病毒属。病毒粒子呈球形，直径为120～180nm，有囊膜，病毒核酸型为双股DNA。病毒能在10～12日龄鸭胚绒毛膜上生长繁殖，鸭胚通常在接种病毒后4～6天死亡。鸭瘟病毒对外界抵抗力不强，80℃经5分钟即可死亡。夏季阳光直射9小时后毒力消失。但病毒对低温不敏感，-5～7℃经3个月毒力不减，-10～20℃经1年对鸭仍有致病力。该病毒对一般消毒药均敏感，1%～3%烧碱溶液、10%～20%漂白粉混悬液、5%甲醛溶液均可迅速将其杀灭。

2. 流行特点

在自然条件下，本病主要发生于鸭，不同年龄、性别和品种的鸭均易感。番鸭、麻鸭易感性较高，自然感染潜伏期通常为2～4天，30日龄以内雏鸭较少发病。传染源主要是病鸭和带毒鸭以及潜伏期感染鸭，其易通过排出的粪便及分泌物污染饲料、饮水、饲养工具等传播病毒。被污染的水源、鸭舍、用具、饲料是该病的主要传染媒介。某些野生水禽感染病毒后可成为传播此病的自然疫源和媒介。鸭瘟一年四季均可发生，无明显的季节性，在春夏之交、秋冬运销旺季发病较多。此病可通过直接接触而传染，也可间接传染。

3. 临床表现与特征

自然感染的潜伏期为3～5天。病初病鸭体温升高达42～43℃以上，高热稽留。病鸭表现为精神萎靡，头颈缩起，羽毛松乱，翅膀下垂，两脚麻痹无力，伏坐地上不愿移动，强行驱赶时常以双翅扑地行走，走几步又蹲伏于地，病鸭不愿下水，驱赶入水后也很快挣扎回岸。病鸭食欲明显下降，甚至停食，饮水增加。病鸭流泪，眼睑水肿，病初流出浆液性分泌物，使眼睑周围羽毛黏湿，而后变成黏稠或脓样，常造成眼睑黏连、水肿，甚至外翻，眼结膜充血或小点出血，甚至形成小溃疡。病鸭鼻中流出稀薄或黏稠的分泌物，呼吸困难，并发生鼻塞音，叫声嘶哑，部分鸭见有咳嗽。病鸭下痢，排出绿色或灰白色稀粪，肛门周围的羽毛被污染。部分病鸭在疾病明显时期，可见头和颈部发生不同程度的肿胀，触之有波动感。

解剖病鸭尸体可看到一般败血病的病理变化，皮肤黏膜和浆膜出血，头颈皮下胶样浸润，口腔黏膜，特别是舌根、咽部和上腭黏膜表面有不规则黄绿色或淡黄色的坏死假膜覆盖。最典型的是食道黏膜纵行固膜条斑和小出血点，肠黏膜出血、充血，以十二指肠和直肠最为严重。泄殖腔黏膜坏死，结痂。产蛋鸭卵泡增大、发生充血和出血。肝脏早期有小出血点，后期出现灰黄色坏死灶；脾脏呈黑紫色，体积缩小；肾肿大、有小点出血；胸、腹腔的黏膜均有黄色胶样浸润液。

4. 临床诊断

根据流行病学特点、特征症状和病变可作初步诊断。鸭瘟与鸭出血性败血症的某些症状相似，应注意鉴别诊断。出血性败血症病鸭一般发病急，病程短，能使鸡、鸭、鹅等多种家禽发病，而鸭瘟自然感染时仅仅造成鸭、鹅发病。鸭出血性败血病不会造成头颈肿胀，食道和泄殖腔黏膜上也不形成假膜，肝脏上的坏死点仅针尖大，且大小一致。

结合病毒分离鉴定和中和试验可作出确诊（图1－9、图1－10）。

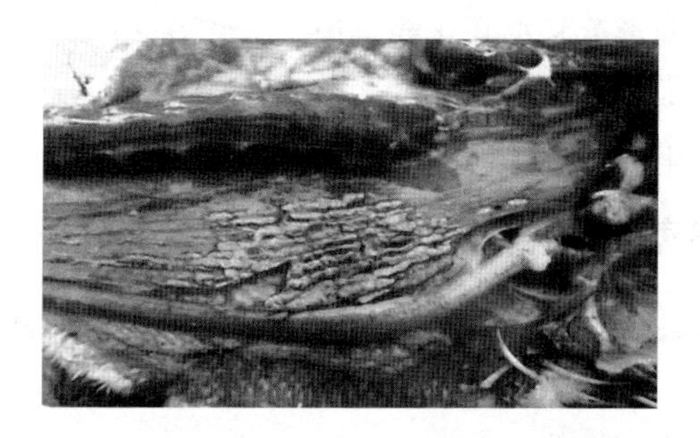

图1－9　食道黏膜出现灰黄色坏死假膜
（图片引自黄瑜《鸭病诊治图谱》）

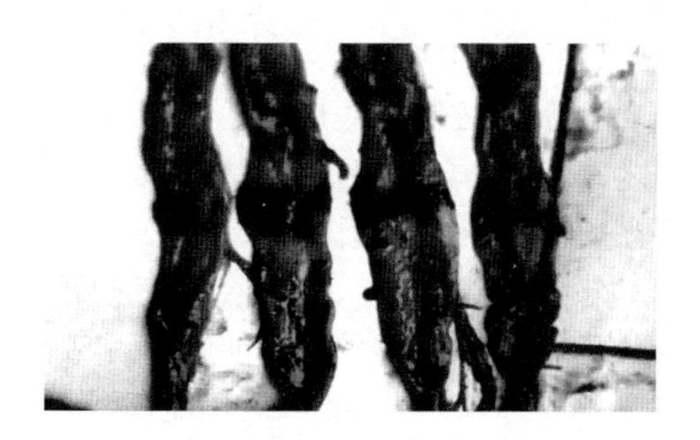

图1－10　雏鸭小肠出现条环状出血
（图片引自崔治中《禽病诊治彩色图谱》）

5. *防治*

预防鸭瘟应避免从疫区引进鸭，如必须引进，一定要经过严格检疫，并隔离饲养2周以上，证明健康后才能合群饲养。同时禁止到鸭瘟流行地区和野禽出没的水域放牧。

一旦发生鸭瘟，要按国家防疫条例上报疫情，并严格执行封锁、隔离、焚尸、消毒等各项工作。被病毒污染的饲料要经高温消毒，饮用水可用碘伏类消毒药消毒。对疫区健康鸭群和尚未发病的假定健康鸭群，应立即接种疫苗。

病愈鸭和经人工免疫的鸭均能获得强免疫力。常用的疫苗有鸭瘟鸭胚化弱毒苗和鸡胚化弱毒苗。雏鸭在20日龄时进行首免，4~5月后加强免疫1次即可。

各类抗生素和磺胺类药物对本病均无治疗和预防作用。

六、鸭病毒性肝炎

鸭病毒性肝炎是由鸭肝炎病毒引起雏鸭的一种急性接触性传染病。临床上以发病急、传播快、死亡率高，剖检肝脏有明显出血点和出血斑为特征。

1. 病原

鸭肝炎病毒分为3种亚型，分别是鸭肝炎病毒（DHV）Ⅰ、Ⅱ、Ⅲ型，最常见的为DHVⅠ型，属肠道病毒；DHVⅡ型属星状病毒；DHV Ⅲ型属小核糖核酸病毒。DHV Ⅰ、Ⅱ、Ⅲ型有明显差异，各型之间有交叉免疫保护。本病主要由Ⅰ型病毒感染所致。病毒能够在发育鸡胚的尿囊内生长繁殖，但不适应一般的细胞培养。病毒对外界环境的抵抗力很强，在污染的育雏室内至少能够生存10周，阴湿处粪便中的病毒能够存活37天，含有病毒的胚液保存在2~4℃冰箱内，700天后仍能存活。

2. 流行特点

本病在自然条件下主要感染鸭，不感染鸡鹅，一年四季、不同品种、性别的鸭均可感染；传染源为病鸭和带毒鸭；雏鸭主要经消化道和呼吸道感染。尚未证实经卵传播。

本病主要发生于孵化雏鸭的季节，雏鸭发病率可达100%，病死率与病鸭日龄有关，小于1周龄鸭病死率可高达95%，1~3周龄为50%或更低，而4~5周龄鸭发病率及病死率都很低，成年鸭则不发病也不影响生产。

3. 临床表现与特征

本病发病急，死亡快。病初表现为精神委顿，羽毛松乱，缩颈呆立，眼半闭呈昏睡状，以嘴触地，废食，有的出现腹泻，排灰白色或绿色水样粪便。随后出现神经症状，运动失调，身体倒向一侧，两腿痉挛性后踢，头向后仰呈角弓反张姿势，数小时后发生死亡。有些发病很急的病鸭往往突然倒地死亡，常看不到任何症状（图1－11）。

图1－11　病雏鸭呈角弓反张

（图片引自百度图片 http：//image. baidu. com）

剖检可见肝脏肿大、质脆易碎，色暗淡或发黄，表面有大小不等的出血斑，并且有灰白色的针尖状坏死灶，胆囊肿大，充满胆汁，有的脾脏肿大（图1－12、图1－13）。

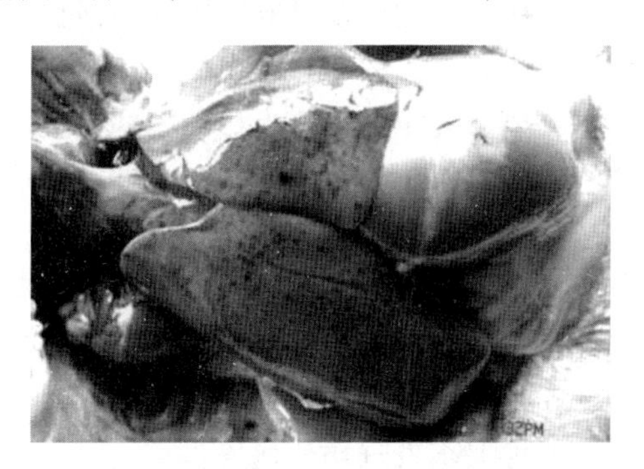

图1－12　雏鸭肝脏有大小不等的出血点

（图片引自百度图片 http：//image. baidu. com）

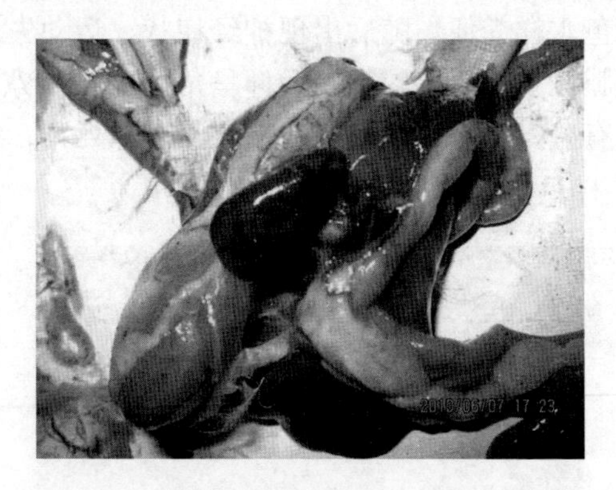

图 1－13　雏鸭脾脏肿大出血，胆囊充盈肿大

（图片引自黄瑜《鸭病诊治图谱》）

4. 临床诊断

目前，我国只发现鸭肝炎Ⅰ型，本病多见于20日龄内的雏鸭群，发病急，传播快，病程短，出现典型的神经症状，肝脏严重出血，这些特征均有助于作出初步判断。值得注意的是，近年来，临床上在较大日龄鸭群或已作免疫接种的鸭群发生本病时，病例常缺乏典型的病理变化，仅见肝脏肿大、淤血，表面有末梢毛细血管扩张破裂而无严重的斑点状出血，易造成误诊漏诊。最终确诊需经病原分离与鉴定。临床上诊断鸭病毒性肝炎还应注意与鸭疫里氏杆菌病、雏鸭副伤寒、禽霍乱、曲霉菌病等鉴别。

5. 防治

（1）加强饲养管理，严格卫生消毒制度，保持鸭群的饲养环境卫生洁净，是预防本病的关键。严禁从发病鸭场或孵化房购买雏鸭，严禁场外人员不经消毒进场或窜圈，育雏室门前设消毒池，严格按卫生消毒要求处理病死鸭等。

对雏鸭采取严格的隔离饲养，尤其是5周龄以内的雏鸭，应供给适量的维生素和矿物质，严禁饮用野生水禽栖息的露天水池的水。孵化、育雏、育成、肥育均应严格划分，饲管用具要定期清洗、消毒。

（2）免疫预防。目前，主要采用鸡胚化弱毒疫苗或鸭瘟鸭病毒性肝炎二联弱毒疫苗。

①弱毒苗：1～2日龄雏鸭皮下注射或口服3天后即可产生免疫力。种鸭免疫：在收集种蛋前2～4周注射疫苗，产生的抗体经卵传递给雏鸭，雏鸭于3周内可获得母源抗体保护，免疫期6个月，5～6个月后应考虑进行第二次免疫。雏鸭免疫：弱毒苗免疫1日龄雏鸭，3～7天可产生免疫力，但母源抗体可影响免疫效果，对有母源抗体的1日龄雏鸭采用口服免疫的效果优于注射免疫。

②灭活苗：国内外有鸡胚和鸭胚组织灭活油乳剂苗，并证明鸭胚灭活苗比鸡胚灭活苗效果好，但如果没有弱毒苗的基础免疫，只使用灭活苗的抗体效价很低。目前，在生产实践中一般使用弱毒疫苗。在有本病流行的养鸭地区，对刚孵出的1日龄雏鸭每只皮下注射0.5～1ml高免血清或高免卵黄液，可有效地预防本病的发生。

（3）治疗方案。

①雏鸭群一旦发病，立即注射高免血清或高免卵黄液，0.5～1ml/只。

②日龄稍大的鸭群，在无高免血清或高免卵黄抗体的情况下用鸭肝炎疫苗紧急接种，可迅速降低死亡率和控制疾病的流行。

③中药疗法鱼腥草、板蓝根、龙胆草、桑白皮、救必应各300g，黄柏150g，茵陈100g，甘草50g，煎成500ml，化入红糖50g，雏鸭每只服5ml，每天2次，连用3～5天。

（4）一旦暴发本病后，按《中华人民共和国动物防疫法》规定采取严格控制、扑灭措施，防止扩散。扑杀病鸭和同群鸭，并深埋或焚烧。受威胁区的雏鸭群应用抗血清或高免卵黄抗体或高免蛋匀浆液注射预防，必要时注射灭活疫苗。污染场地、工具、车辆、外来人员等应彻底消毒。

七、鸭疱疹病毒性坏死性肝炎（白点病）

鸭白点病是由鸭疱疹病毒Ⅲ型引起番鸭、半番鸭和麻鸭等的一种病毒性传染病，又称鸭新病。该病发病率、病死率均较高，病死率在八成以上，是目前危害养鸭业的又一大敌。

1. 病原

该病原为鸭疱疹病毒Ⅲ型，由黄瑜等人在2001年首次分离鉴定。该病毒与鸭疱疹病毒Ⅰ型和鸭疱疹病毒Ⅱ型无血清相关性，故暂定为鸭疱疹病毒Ⅲ型。

2. 流行特点

番鸭、半番鸭和麻鸭等均易感，但以番鸭易感性最强、死亡率最高。调查发现该病多发于8～90日龄鸭，番鸭多集中于10～32日龄、50～75日龄发病，尤其是前一日龄段的雏番鸭发病更为多见；麻鸭多见于产蛋前后发病；半番鸭多见于1月龄以上发病。

不同品种、不同日龄鸭感染该病后发病率、病死率差异较大，日龄愈小，其发病率、病死率愈高。以8～25日龄雏番鸭发病率、病死率最高，发病率高达100%，病死率95%以上；其次是50日龄以上番鸭，发病率80%～100%，病死率60%～90%。半番鸭发病率20%～35%，病死率60%；麻鸭，尤其是开产的成年麻鸭，发病率及病死率较低，主要表现为产蛋下降。

目前，该病一年四季均有发生。部分患病鸭可并发或继发鸭传染性浆膜炎或雏鸭副伤寒（雏鸭）、大肠杆菌病、鸭霍乱（中、大鸭）。

3. 临床表现与特征

病鸭精神高度沉郁、不愿活动；全身乏力，软脚，多蹲伏；

无规则地摆头，有的扭颈或转圈；食欲和饮欲减退；严重腹泻，排白色或绿色稀粪，肛周羽毛沾有多量粪便。

剖检病变可见肝脏、脾脏、胰腺、肾脏有数量不等、针尖大的白色或红白色坏死点。肠道（主要是十二指肠、直肠）可见出血点及出血环。此外，脑壳内壁、脑膜等轻度出血，胆囊充盈胆汁、极度膨胀（图 1－14 至图 1－17）。

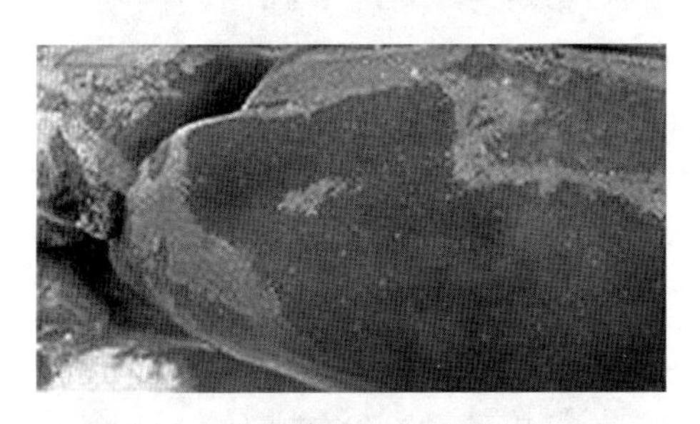

图 1－14　肝脏表面大量的白色坏死点

（图片引自程安春《鸭病诊治图谱》）

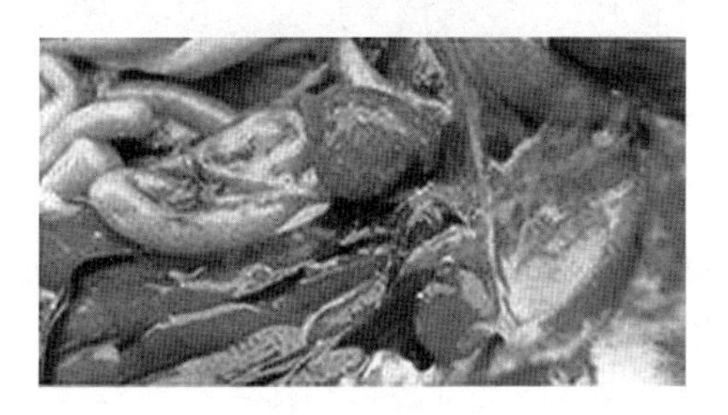

图 1－15　脾脏表面大量的白色坏死点

4. 临床诊断

根据该病的特征性病变一般不难做出初步诊断。在临诊上该病易与鸭霍乱相混淆，但可通过各自的剖检病变特点（患鸭霍乱的病鸭肝脏表面有大量白色坏死点、心冠脂肪及心肌外膜出血、肠道严

图 1－16　肠道黏膜环状出血带

图 1－17　胆囊充盈，极度膨胀

重出血）、抗菌药物治疗是否有效及细菌分离鉴定进行鉴别。

此外，还应将本病与雏番鸭“花肝病”区分开，顾名思义，雏番鸭“花肝病”多侵害雏番鸭，其主要剖检病变为脾脏、肝脏、肾脏、胰腺、肠道均出现白色坏死点，而无肠道黏膜出血点及出血环病变。

5. 防治

（1）免疫预防。应用鸭“白点病”疫苗可有效地预防本病，目前，已有鸭“白点病”灭活蜂胶疫苗、油乳剂疫苗和弱毒疫苗可供选用。

（2）治疗。发生本病时，通过注射鸭白点病血清－鸭疫清（英国凯诺）配合头孢和刀豆素，按1ml/kg肌内注射，一般打1次，严重的可连打2次，可达到较好的治疗效果。对于有并发感染的病例，结合应用广谱抗菌药物可明显提高疗效。

八、鸭呼肠孤病毒性坏死性肝炎（花肝病）

番鸭呼肠孤病毒病是由番鸭呼肠孤病毒引起雏番鸭以软脚为临床特征的一种传染病。该病发病率、病死率均较高，根据其特征性剖检病变—肝脏、脾脏等脏器表面有大量白色坏死点，又称为雏番鸭“肝白点病”、雏番鸭“肝脾坏死症”等。

1. 病原

该病病原属于呼肠孤病毒科、正呼肠孤病毒属、番鸭呼肠孤病毒。

2. 流行特点

本病以番鸭发生为主，半番鸭和麻鸭等也有感染，多发生于7～35日龄，发病率60%～90%，病死率50%～95%。该病既可水平传播，也可垂直传播，且一年四季均可流行，但以春、夏潮湿季节发生较为严重。病鸭生长发育受阻。1997年，本病发生和流行于我国福建、广东等番鸭养殖集中地区，后来，河南、广西、江苏等地区相继发生，给番鸭养殖业带来严重的经济损失。

3. 临床表现与特征

病鸭精神高度沉郁、不愿活动；全身乏力，软脚，多蹲伏；食欲和饮欲减退；腹泻，排白色或绿色稀粪。部分鸭趾关节或跗关节肿胀。

剖检可见肝脏、脾脏肿大出血，表面密布大量针尖大的白色坏死点；肾脏肿大，出血，部分病例有针尖大小的白色坏死点，有的病例肾脏呈现尿酸盐沉积，还出现心包炎、心外膜增厚与胸骨粘连，心包积液（图 1－18 至图 1－20）。

图 1－18　病鸭精神高度沉郁，软脚

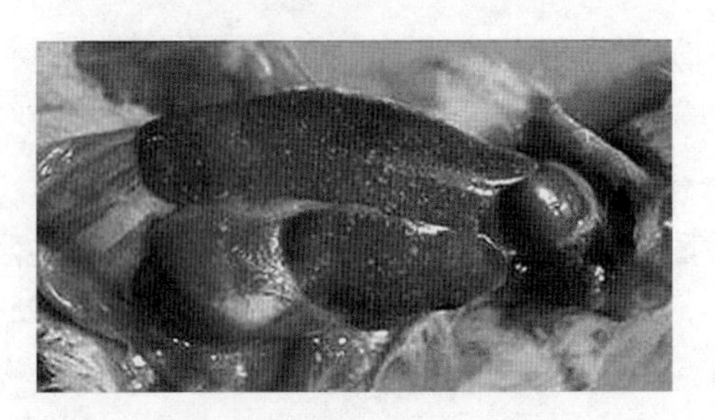

图 1－19　肝脏表面大量的白色坏死点

4. 临床诊断

在临诊上该病易与鸭“白点病”、雏番鸭细小病毒病、雏番鸭副伤寒（肝脏、肠壁有大量白色坏死点及肠道黏膜糠麸样坏死）等相混淆，可根据各自的剖检病变特点及实验室诊断结果相区别。

此病主要采用病毒分离和血清型方法确诊，也可利用 RT－PCR 扩增病毒特异性片段进行临床快速诊断。

5. 防治

雏番鸭花肝病是近年来出现的新鸭病。该病具有发病快、传

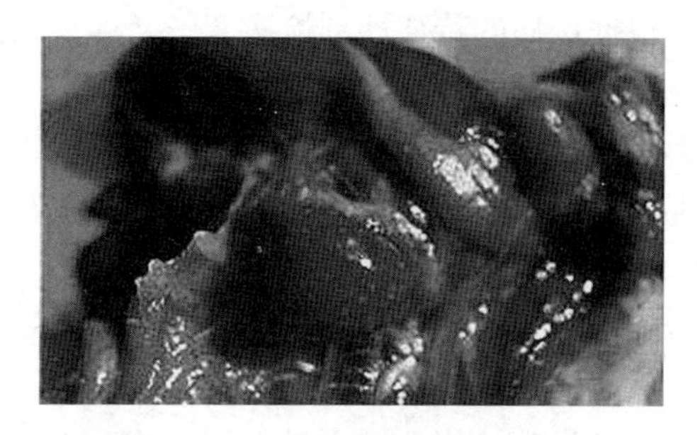

图 1－20　脾脏表面大量的白色坏死点

（图片引自程安春《鸭病诊治图谱》）

播迅速的特点，目前对该病尚无理想的特效药，可采取接种疫苗和加强饲养管理的综合措施对该病进行预防和早期治疗。

（1）加强消毒和管理。加强饲养管理，切实做好消毒工作，保持场地清洁干燥，饲喂营养全面的全价饲料。

（2）搞好疫苗免疫接种及治疗。现有疫苗主要有灭活苗和弱毒苗两种。种鸭可在开产前一个月注射油乳剂灭活疫苗，每隔 3 个月加强免疫一次，以保证雏鸭有较高的母源抗体水平。对无母源抗体的雏鸭，需要使用花肝病高免蛋黄液，但因本病发病急、致病力强，发病之后注射高免蛋黄液往往效果不好，所以建议各地根据以往本病的发生日龄，提前 1～2 天注射高免蛋黄液，并在 7 天内再加强免疫 1 次。为了预防并发或继发细菌感染，应同时使用高效抗菌药物，如使用六号药（对鸭疫里氏杆菌、大肠杆菌等有特效）或头孢唑啉、氯霉素及先锋霉素等。

九、鸭出血症（鸭疱疹病毒性出血症）

鸭出血症是由新型疱疹病毒（鸭疱疹病毒Ⅱ型）引起的可侵害各品种、各日龄鸭的一类传染病。因患病鸭双翅羽毛管、上喙端及爪尖、足蹼常出血，呈紫黑色，俗称为黑羽病、乌管病和紫喙黑足病，根据该病的特征性剖检病变，又称为鸭出血症。

1. 病原

该病原为鸭疱疹病毒Ⅱ型，由黄瑜等人在2001年首次分离鉴定。该病毒与鸭疱疹病毒Ⅰ型无血清相关性，故暂定为鸭疱疹病毒Ⅱ型。

2. 流行特点

番鸭、半番鸭、樱桃谷鸭、北京鸭、麻鸭、野鸭、枫叶鸭和丽佳鸭等均可感染发病，以番鸭最为易感；各日龄鸭均可发病，以20～55日龄鸭更为多见，发病率高低不一，鸭日龄愈小发病率愈高，病死率几乎100%。发生于产蛋鸭时死亡率低，但易引起产蛋率下降。本病发生无明显季节性，但在气温骤降或阴雨寒冷天气时发病较多。

本病早在1990年于我国福建流行，随后在我国的广东、浙江等南方数省均有发生，且发病的鸭群易并发或继发细菌性传染病（如鸭传染性浆膜炎、鸭大肠杆菌病等）或病毒性传染病（如雏鸭病毒性肝炎、鸭流感等）。

3. 临床表现及症状

病死鸭口、鼻流出黄色液体，沾污上喙及颈前羽毛，有时将羽毛染成黄色，双翅羽管内出血或淤血，外观呈紫黑色，出血变黑的羽毛管易断裂和脱落。病死鸭的上喙、爪尖、足蹼末梢周边发绀，呈紫黑色。

剖检可见鸭双翅羽管内出血或淤血，还可见多个脏器出血或淤血：大脑、脾脏、肾脏、法氏囊轻度出血或淤血；肝脏稍肿大，树枝状出血或淤血，个别有白色坏死点；胰腺出血呈红色，或见出血点和出血环；小肠、直肠、盲肠明显出血，有时在小肠段可见到出血环（图1－21至图1－24）。

4. 临床诊断

根据流行病学特征、临床表现及剖检症状可作出初步诊断，

图 1－21　病鸭上喙周边发绀，呈紫黑色

图 1－22　病死鸭口、鼻流出黄色液体，沾污上喙及颈前羽毛，有时将羽毛染成黄色

（图片引自百度图片 http：//image. baidu. com）

图 1－23　病鸭脾脏出血

最终确诊有赖于实验室方法，如病原分离鉴定及血清学试验。在临诊上易与雏鸭病毒性肝炎、鸭瘟、鸭流感、种鸭坏死性肠炎等

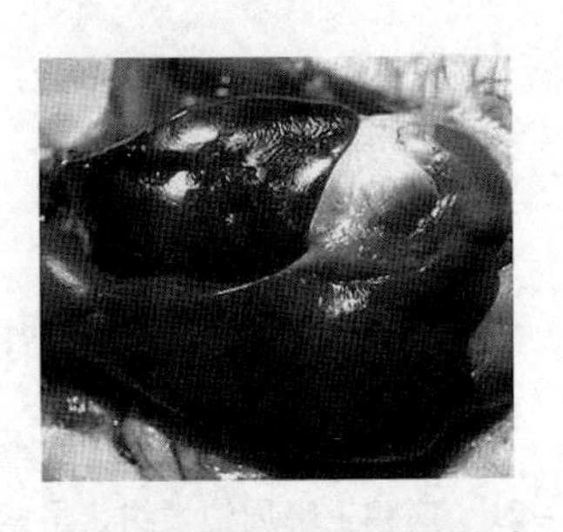

图1－24　肝脏表面有树枝样出血

（图片引自百度图片 http：//image. baidu. com）

病相混淆，应根据各病的临床症状和特征性剖检病变加以区别。

5. 防治

根据发病特点，采取相对应的措施。如肉用鸭，多发于20～35日龄，则在18日龄时每羽颈背皮下注射鸭出血症高免蛋黄抗体1～1.5ml。有的鸭场20日龄以上的鸭仍有发病，则应在15日龄时肌内注射鸭出血症弱毒疫苗。对于种鸭或蛋用鸭，则应在开产前1个月肌内注射鸭出血症灭活菌。目前，没有本病流行的地区和没有从福建、浙江、广东、江西、广西壮族自治区等省区疫区引进雏鸭、种鸭、种蛋的鸭场就不要注射高免蛋黄抗体及弱毒苗。

对于发病雏鸭，除加强饲养管理和消毒外，其高免蛋黄抗体的注射剂量要提高至每日2～3ml，且在饲料中加入黄芪多糖（或紫锥菊）、头孢噻呋钠、阿米卡星以防止继发感染。

十、鸭腺病毒感染（鸭产蛋下降综合征）

本病是由禽腺病毒Ⅲ型病毒引起鸭以产蛋下降为特征的一种传染病，又称鸭产蛋下降综合征，其主要表现为鸭群产蛋骤然下降，软壳蛋和畸形蛋增加，褐色蛋蛋壳颜色变淡。

1. 病原

本病毒能在鸭胚、鸭胚肾和鸭胚成纤维细胞、鸡胚肝和鸡胚成纤维细胞上生长繁殖，但在鸡胚肾和火鸡细胞中生长不良，在哺乳动物细胞不能生长，在鸭胚中生长良好，致鸭胚死亡。

该病毒能凝集鸡、鸭、火鸡、鹅、鸽的红细胞，但不能凝集家兔、绵羊、马、猪、牛的红细胞。血凝滴度在4℃可保持很长时间，但70℃易被破坏。鸭胚尿囊液病毒的血凝滴度可达18～20log2，而鸡胚尿囊液病毒的滴度较低。病毒对乙醚、氯仿不敏感，对pH值适应谱广，0.3%福尔马林48小时可使病毒完全灭活。

2. 流行特点

本病除鸡易感外，自然宿主为鸭、鹅和野鸭。据报道各种品种鸭都易感。

本病传播方式主要是垂直传播，后来发现水平传播也是很重要的方式，因为，从鸭的输卵管、泄殖腔、粪便、肠内容物都能分离到病毒，且可向外排毒经水平传播给易感动物。

3. 临床表现与特征

感染鸭无明显症状，主要表现为突发性群体产蛋下降，比正常下降20%，甚至高达50%。病初蛋壳的色泽变淡，紧接着产畸形蛋，蛋壳粗糙像砂粒样，蛋壳变薄易破损，软壳蛋增多。

本病剖检无明显病变，可见卵巢变小、萎缩、卵泡减少，子宫和输卵管黏膜出血和卡他性炎症。严重病例可见卵黄性腹膜炎，心、肝、肾和肺有出血斑点。

4. 临床诊断

根据流行病学特征和临床症状可作出初步诊断，产蛋下降是本病最明显的特点，进一步确诊需进行实验室诊断，如病原分离鉴定及血清学试验。

5. 防治

主要采取综合防治措施，具体措施如下。

（1）加强对鸭舍、用具、运动场、饮水等进行消毒，集蛋筐应放在固定的消毒桶内消毒，阳光下暴晒2小时以上。

（2）免疫预防：使用鸭腺病毒制备灭活疫苗于种鸭开产前10～15天注射0.5ml，具有良好的预防效果。

（3）治疗：紧急接种鸭传染性减蛋综合征疫苗，且全群投服左旋氧氟沙星10mg/kg饲料。

（4）中药拌料：虎杖、地榆、丹参、川芎、山楂、大云、罗勒及丁香等研碎成末，按1%量拌料治疗5天。

十一、鸭传染性法氏囊病

鸭传染性法氏囊病是由传染性法氏囊病毒（IBDV）引起的一种急性、高度传染性疾病。多年来一直认为鸭对IBDV不易感，后来从鸭血清中分离到IBDV抗体及病毒的存在，才发现鸭可自然感染IBDV但不发病，但近年来许多研究报道称鸭不但能感染IBDV，且可出现临床症状并引起死亡。

1. 病原

传染性法氏囊病病毒为双RNA病毒科。电镜观察表明IBDV有两种不同大小的颗粒，大颗粒约60nm，小颗粒约20nm，均为20面体立体对称结构。病毒粒子无囊膜，仅由核酸和衣壳组成。该病毒耐热，耐阳光及紫外线照射。56℃加热5小时仍存活，60℃可存活0.5小时，70℃则迅速灭活。病毒耐酸不耐碱，pH值2.0经1小时不被灭活，pH值12则受抑制。病毒对乙醚和氯仿不敏感。

2. 流行特点

本病主要发生于20～35日龄雏鸭，其发病率可高达100%，死亡率34%～60%。目前，报道有麻鸭、樱桃谷鸭及康贝尔鸭等易感。

3. 临床表现与特征

病鸭初期采食减少，精神委顿，羽毛蓬乱，怕冷堆集，呆滞，高热拉稀便，后期卧地不起，排白色或黄绿色水样粪便，泄殖腔周围有粪便污染，有的病鸭从口腔流出多量黏性分泌物，逐渐消瘦，最终衰竭死亡。

剖检可见胸腺肿大、出血，呈紫色，嗉囊空虚，胸肌、腿肌有出血斑，腺胃乳头有出血，肌胃黏膜难以剥离．内金下的角质层有出血斑，小肠浆膜层有不同大小的出血斑，小肠黏膜出血，盲肠淋巴结肿大出血，直肠黏膜出血，肾脏表面及输卵管内有尿酸盐沉积，形成花斑肾，法氏囊肿大、弥漫性出血，腔内有糨糊状渗出物或干酪样物质，有点状或条纹状出血，后期法氏囊萎缩成皮状，瓣膜消失（图 1－25 至图 1－27）。

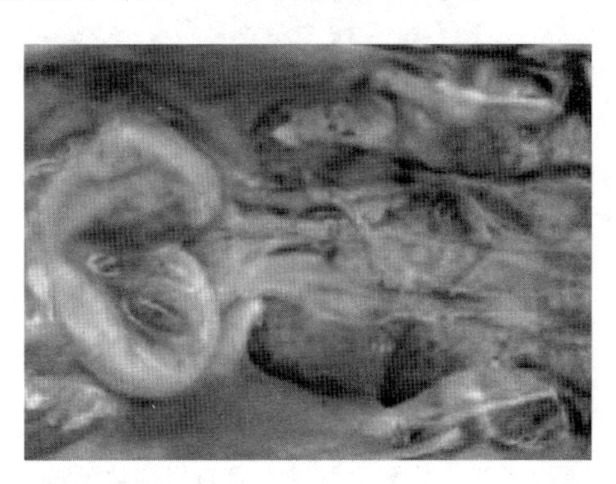

图 1－25　病鸭法氏囊肿大，弥漫性出血

4．临床诊断

根据临床发病情况、病理解剖及实验室检查结果确诊该病。实验室诊断主要采用琼脂扩散试验。

琼脂扩散试验：无菌采集病鸭血清，与鸡传染性法氏囊病琼扩抗原做琼脂扩散试验，若鸭感染传染性法氏囊病病毒，则产生明显的沉淀线。

5．防治

（1）加强环境消毒，避免鸡鸭混养，尽量减少鸡鸭直接或

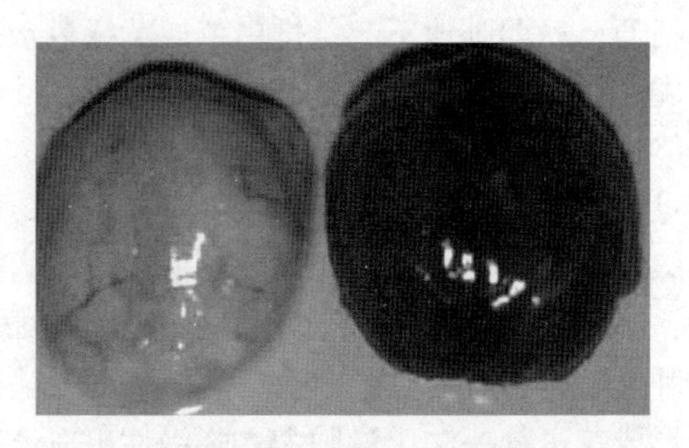

图 1－26　正常法氏囊（左），病鸭法氏囊呈紫黑葡萄样（右）

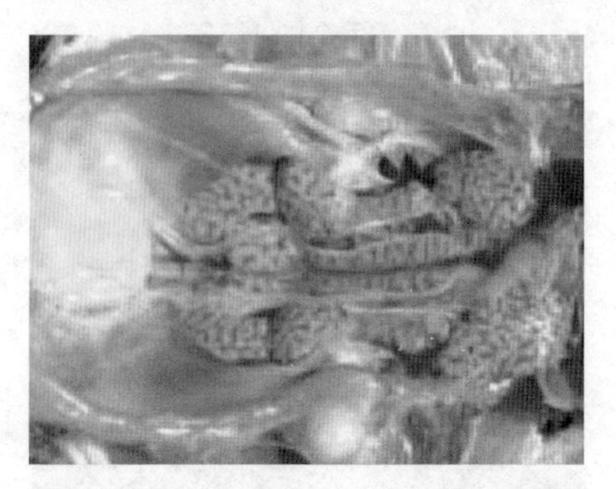

图 1－27　病鸭肾脏肿大且有尿酸盐沉积

（图片引自 http：//www. thepoultrysite. com）

间接接触的机会，有利于防止鸭传染性法氏囊病的发生。

（2）一旦发生本病，应停止外出放牧，病鸭群肌注鸡传染性法氏囊病高免血清每只 2ml；并加强饲养管理减少应激，在饲料中倍量加多种维生素及中药清瘟败毒散，特别是补充维生素 A 和维生素 C，降低饲料中的蛋白含量，在饮水中加肾肿解毒药治疗，每 50kg 清水加速补 50g 及白砂糖 1. 5kg，搅匀饮水，一天早晚饮两次，每次饮 3h，连饮 5 天为一疗程；增加营养供给；鸭舍、饲具、环境应进行严格消毒。

第二节　鸭鹅的常见细菌性疾病

一、大肠杆菌病

禽大肠杆菌病是由禽致病性大肠杆菌引起的各种禽类（鸡、鸭、鹅等）的急性或慢性的细菌性传染病的总称，包括大肠杆菌性肉芽肿、腹膜炎、输卵管炎、脐炎、滑膜炎、气囊炎、眼炎、卵黄性腹膜炎等疾病。由于禽致病性大肠杆菌血清型较多，临床症状复杂多样。另外，禽大肠杆菌病易继发或并发其他疾病，给养禽业带来极大的经济损失。

1. 病原

本病的病原是禽致病性大肠杆菌，属于肠杆菌科埃希氏菌属。本菌为革兰阴性无芽孢的短小杆菌，大小（0.4～0.7）μm×（2～3）μm，不形成芽孢，有时可形成荚膜，大多数菌株具有运动性。本菌为兼性厌氧菌，在普通培养基上生长良好，最适宜生长温度为37℃，最适宜生长pH值为7.2～7.4，在麦康凯琼脂培养基上形成红色菌落（见图1－28）。大肠杆菌的抗原构造复杂，是由菌体抗原（O），鞭毛抗原（H）和荚膜抗原（K）3部分组成，其为血清型鉴定的物质基础。目前，发现大肠杆菌有176个O抗原，103个K抗原和83个H抗原血清型。据报道，国内不同地区流行的禽致病性大肠杆菌血清型不同，常见的有O1、O2、O8、O78、O138等其他血清型。

本菌对外界环境因素的抵抗力中等，对物理和化学因素较敏感，55～60℃1小时或60℃20分钟即可杀死。在畜禽舍内，禽致病性大肠杆菌在水、粪便和尘埃中可存活数周或数月（图1－28）。

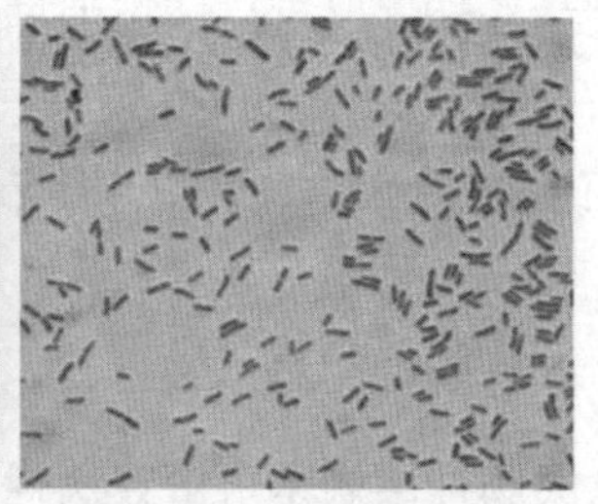

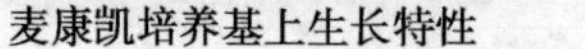

麦康凯培养基上生长特性　　革兰染色显微镜观察结果

1－28　禽致病性大肠杆菌培养特性及革兰染色结果（王少辉拍摄）

2. 流行特点

禽（鸭、鹅）大肠杆菌病一年四季均可发生，但以冬、夏季节多发。各个年龄的禽（鸭、鹅）均可发病，但以雏禽（鸭、鹅）发病较多。本病的传染途径主要有3种：一是接触性传染，该菌经消化道、呼吸道、肛门和伤口等侵入体内，污染的饲料饮水等也是重要的传染源；二是垂直传染，种禽可将该菌垂直传给下一代雏鸭或雏鹅；三是蛋壳污染，种蛋污染本菌后，在种蛋保存或孵化期间经蛋孔侵入蛋内感染。本病可单独发生，也常与传染性支气管炎、新城疫、禽流感、慢性呼吸道病等疾病混合感染或继发感染。饲养管理不善和环境卫生是恶劣条件，也是引发禽大肠杆菌病的一个重要的原因。

3. 临床表现与特征

禽（鸭、鹅）大肠杆菌病临诊有多种临床症型，主要包括：败血症、生殖器官病、肉芽肿、腹膜炎、脐炎、眼炎和脑膜炎等。

（1）败血症。败血症是禽大肠杆菌病的主要流行病型，危害严重。患病禽（鸭、鹅）精神沉郁，羽毛松乱，食欲减退，呆立扎堆，下痢，粪便稀薄，恶臭，带白色黏液或混有血丝，呼吸困难，衰竭而死。败血症型禽（鸭、鹅）大肠杆菌病的剖检可见病变的主要特征为纤维素性心包炎、纤维素性肝周炎、纤维素性气囊炎，心脏、肝脏和气囊膜表面有黄白色纤维性渗出物，病鸭肝或肺充血，脾脏肿大，出现坏死。

（2）死胚、脐带炎。侵入种蛋内的大肠杆菌在孵化过程中进行增殖，致使孵化率降低，胚胎在孵化后期死亡，死胚增多。孵出的雏鸭、雏鹅体弱，卵黄吸收不良，脐带炎，排出白色、黄绿色或泥土样的稀便。腹部膨满，出生后 2～3 天死亡，发育迟滞。死胚的卵黄膜变薄，混有干酪样颗粒状物、脐部有炎症。

（3）卵黄性腹膜炎及输卵管炎。气囊炎和慢性输卵管炎可引起腹膜炎。发生输卵管炎时，输卵管变薄，管内充满恶臭干酪样物，阻塞输卵管使排出的卵落到腹腔而引起腹膜炎。

（4）脑膜炎。本病多发生于 2 周龄以内的雏禽（鸭、鹅），一旦发病，在数天内可波及全群。患禽精神萎靡，沉睡。食欲减退，严重的食欲废绝，部分患禽呼吸困难，咳嗽。临死前出现神经症状。病理变化为肝脏肿大、充血，并有纤维素性肝周炎。脾脏肿大、充血，有的有坏死灶。脑膜充血，脑组织出血。

（5）关节炎。本病多呈慢性经过，患禽的跗关节和趾关节肿大，关节腔内有浑浊的关节液。患禽走路跛行。

（6）眼炎。患禽单侧或双侧眼肿胀，有干酪样渗出物，严重的可导致病禽失明（图 1－29 至图 1－32）。

4. 临床诊断

根据流行病学资料、病史、临床症状和病理变化，尤其是纤维素性心包炎、纤维素性肝周炎、纤维素性气囊炎等病理变化，即可作出诊断。

如需确诊则要进行实验室诊断，包括病原分离纯化、染色镜检、生化试验、动物接种试验确诊。无菌操作采取病死鸭/鹅的肝、脾组织和心、关节液等病料，接种于普通营养琼脂培养基或麦康凯琼脂培养基上，37℃条件下培养 24～48h。大肠杆菌在营

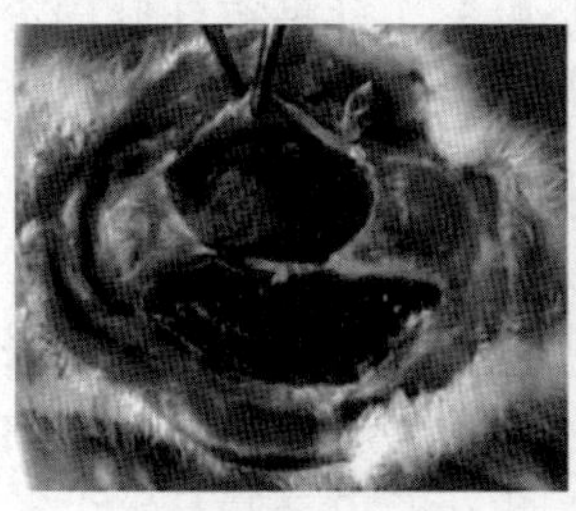

纤维素性心包炎

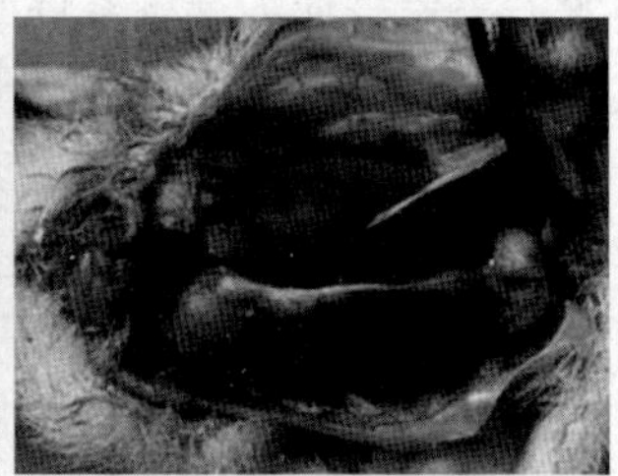

纤维素性肝周炎

图 1-29　病鸭纤维素性心包炎、纤维素性肝周炎

（图片引自：http：//image. baidu. com/）

图 1-30　病鹅纤维素性气囊炎

（图片引自：陆新浩《禽病类症鉴别诊疗彩色图谱》）

养琼脂培养基上长出中等大小、半透明、露珠样菌落，在麦康凯琼脂培养基上形成红色菌落。挑取单个菌落接种于 LB 培养基中，置 37℃条件下培养 24h，取样镜检，本菌为阴性的短小杆菌。取菌液接种微量生化发酵管进行生化试验鉴定是否为大肠杆菌。随着现代分子生物学技术的发展，可采用 PCR 方法对分离纯化的病原进行鉴定。经上述步骤鉴定的大肠杆菌，用其培养液

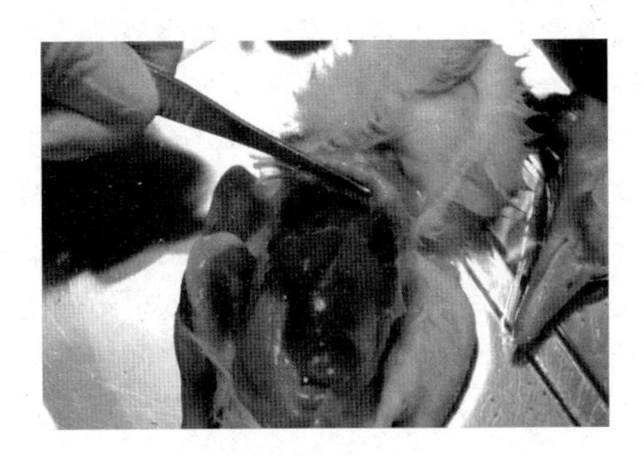

图 1－31 病鸭肝脏出血（王少辉拍摄）

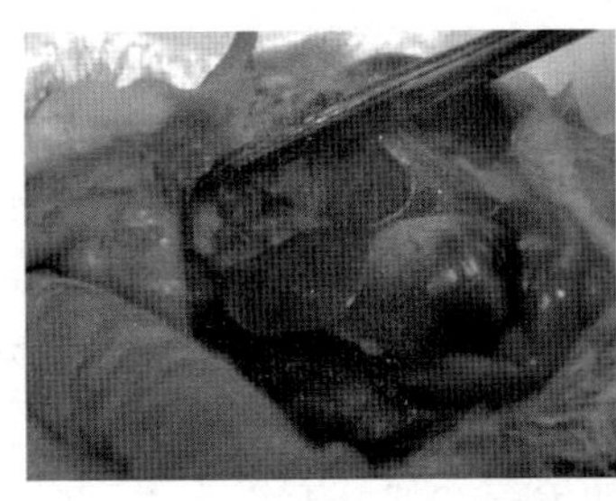
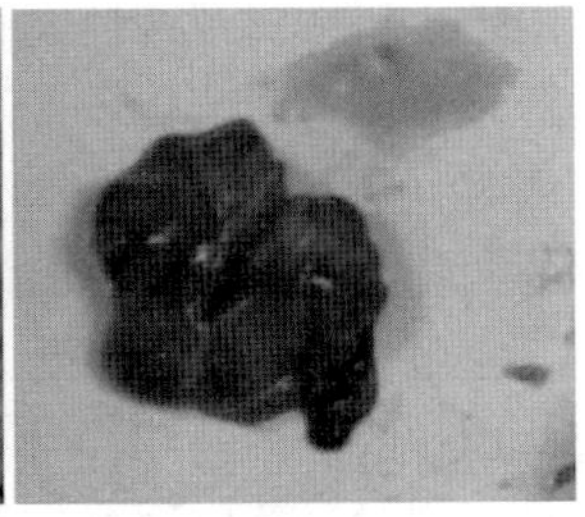

图 1－32 病鸭肺脏坏死（王少辉拍摄）

感染鸡或小鼠，即可测定其致病力。

5. 防治

禽大肠杆菌病病因复杂，必须采取综合防治措施加以控制。

（1）加强饲养管理。防治禽大肠杆菌病，首先要加强饲养管理和搞好环境卫生，提高鸭群或鹅群抵抗力。饲料配合要科学，营养全面，保证蛋白质和各种微量元素的足量供应；饲养密度要适宜，避免或减少应激反应。加强卫生是预防禽大肠杆菌病的关键，禽舍要保证通风良好，保持环境清洁。

（2）做好消毒工作。防治禽大肠杆菌病，其次要做好消毒灭源工作，切断细菌入侵途径。应严格遵守防疫消毒规章制度，严格做好隔离消毒工作；设置消毒池，勤添消毒药水；禁止从污染地区引进种禽，采用全进全出制饲养方式。

（3）做好免疫接种。防治禽大肠杆菌病，还应定期预防接种，增强禽群的特异免疫力。目前应用于禽大肠杆菌病免疫的菌苗主要是油乳剂灭活疫苗、弱毒疫苗。这些疫苗目前存在的问题是对鸭的免疫应激太大，免疫期短，免疫效果不确定。另外，禽致病性大肠杆菌血清型较多，不同血清型之间缺乏免疫保护。因此，可选用本养殖场菌株制成多价灭活疫苗，对本病的发生有很好的预防效果。

（4）药物防治。禽大肠杆菌病爆发后可适当应用药物进行治疗。由于近年来禽致病性大肠杆菌对抗菌药物均产生了不同程度的耐药性，多重耐药比较普遍。因此，在采用抗生素治疗禽大肠杆菌病时，首先应根据当地流行大肠杆菌血清型用药，选择高度敏感的药物。如果有条件的话最好进行药敏试验，选择高敏感度药物，克服临床上盲目用药。若无条件做药敏试验，可选用平时未曾使用过的抗菌药物，且要注意交替用药，给药时间要早，疗程要足。同时，还应注意辅助治疗，如补充维生素和电解质，尽量避免各种应激。

二、鸭疫里默氏杆菌病

鸭疫里默氏杆菌病又称鸭传染性浆膜炎，是由鸭疫里默氏杆菌引起雏鸭、雏火鸡、鹅的一种接触性、急性或慢性败血症。

1. 病原

鸭疫里默氏杆菌属于黄杆菌科里氏杆菌属，革兰阴性菌，菌体呈杆状或椭圆形，多为单个，少数成双或短链排列。本菌可形成荚膜，无芽孢，无鞭毛。瑞氏染色可见两极着色。目前，国际上公认的血清型有 21 个，在我国流行的主要是血清 1 型、2 型和 10 型。

本菌营养要求较高，普通培养基和麦康凯培养基上不生长。初次分离培养需要供给5%～10%的CO_2。在巧克力或胰蛋白胨大豆琼脂（TSA）平板上，CO_2培养箱或蜡烛缸中，37℃培养24～48小时，生长的菌落无色素，呈圆形、表面光滑，直径1～2mm。

本菌对理化因素的抵抗力不强。37℃或室温条件下，大多数菌株在固体培养基中存活不超过3～4天，55℃作用12～16小时，本菌全部失活。肉汤培养物储存于4℃则可存活2～3周。对多种抗生素敏感，但对某些抗生素易产生耐药性，如庆大霉素等。

2. 流行特点

各种品种的鸭均可感染发病，1～8周龄雏鸭高度敏感，日龄愈小的雏鸭对本病的易感性愈高。5周龄以下雏鸭一般在出现临床症状后1～2天死亡，日龄较大的鸭可能存活较长的时间。鸭疫里默氏杆菌可经呼吸道或皮肤伤口，特别是足部皮肤伤口感染，也可通过被污染的饮水、饲料、尘土及飞沫经消化道传染。本病多发于低温、阴雨和潮湿的冬、春季节，其他季节偶有发生。本病常与大肠杆菌病、禽霍乱、沙门菌病和葡萄球菌病等并发。

3. 临床表现与特征

本病的潜伏期一般为2～5天，有时可达1周左右。由于菌株的毒力、感染途径的不同，患病鸭表现出不同的临床症状。

（1）最急性型。本型病例多见于鸭群发病的早期，突然死亡无明显的临诊症状，也看不到明显的肉眼病变。

（2）急性型。急性型病例多见于病程1～3天的2～3周龄幼鸭。表现为精神沉郁、昏睡。患鸭拉稀，粪便呈淡黄色或绿色。濒死前出现神经症状，头向后仰，倒地，两脚伸直呈“角弓反张”，出现抽搐后死亡。肝脏肿大、质脆，呈土黄色或棕红色，表面覆盖一层灰白色活浅黄色纤维素性薄膜；心脏出现纤维素性心包炎；气囊壁浑浊或增厚，并附着数量大小不等的纤维素性渗出物（图 1－33）。

图 1－33　病鸭发病症状

（图片引自：http：//image. baidu. com/）

（3）慢性型。慢性型病例多发于日龄稍大或者病程 1 周以上的病鸭。常表现食欲不振、俯卧或呈犬坐式。病鸭虽不死亡，但多表现发育受阻。患鸭附关节肿大、发生关节炎；输卵管膨大，充满干酪样物质；眶下窦有干酪样渗出物（图 1－34）。

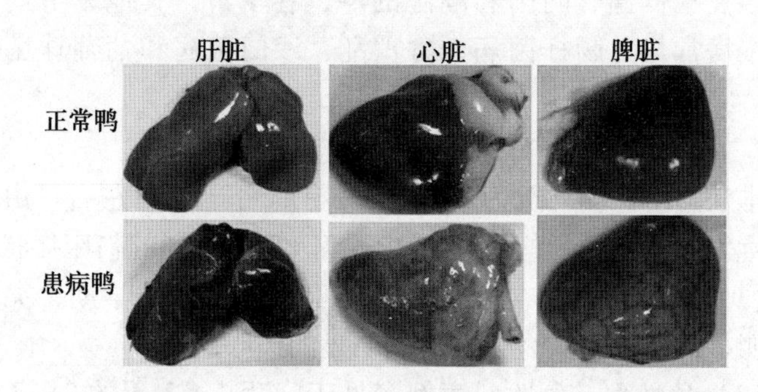

图 1－34　病鸭肝脏、心脏和脾脏病变（韩先干所在实验室拍摄）

4. 临床诊断

根据流行病学特点、病史、临床症状和剖检变化一般可作出初步诊断。确诊需要进行鸭疫里氏杆菌病的分离和鉴定。应注意与多杀性巴氏杆菌、大肠杆菌和沙门菌引起的败血性疾病相区别。

5. 防治

用有效的疫苗预防接种鸭群，可以有效地降低鸭疫里氏杆菌病的发病率和死亡率，由于鸭疫里氏杆菌的疫苗不同的血清型之间不具有交叉保护性，因此，应选择流行的血清型进行鸭群的免疫接种。一旦鸭群发生本病，及时采用药物防制可以有效地控制疫病的发生和发展。鸭疫里默氏杆菌对多种抗生素敏感。常用的有丁胺卡那霉素、硫酸新霉素。丁胺卡那霉素用量为每千克体重 2.5～3 国际单位，颈部或皮下注射，每天 1 次，连用 3 天。硫酸新霉素饮水，按 0.01%～0.02%，连饮 3 天。饮药前停水 1 小时。

三、沙门菌病（副伤寒）

鸭/鹅沙门菌病又称鸭/鹅副伤寒，是鸭/鹅的一种急性或慢性传染病，该病是由一种或多种沙门菌引起的，其中，鼠伤寒沙门菌是引起鸭副伤寒病的主要菌种。雏鸭/鹅发病后多呈急性经过，主要表现为排绿色或黄色水样粪便，部分病鸭/鹅死前突然倒下，剖检可见肝脏呈青铜色，其他器官也有不同程度的炎症。成年鸭/鹅多呈慢性或隐性感染，症状往往表现不明显，但是生产性能下降。其主要症状以腹泻、眼结膜炎和消瘦为特征。病理变化特征是肝肿大，表面常有灰白色或灰黄色坏死灶。盲肠肿大，呈坏死性肠炎、肠内容物呈干酪样。本菌还可导致人食物中毒，具有重要公共卫生学意义。

1. 病原

本病的病原是沙门菌属中的多种细菌，大约有 60 多种，150 多个血清型，引起鸭、鹅副伤寒的最常见的沙门菌是鼠伤寒沙门菌和肠炎沙门菌。沙门菌是革兰阴性、兼性厌氧菌，无芽孢的短杆菌。大多具有周身鞭毛、能运动。沙门菌的最适生长温度是37℃，最适生长 pH 值是6.5～7.5。

本菌对热和消毒液的抵抗力不强，在60℃下，5分钟即可杀死。石炭酸和甲醛溶液对本菌具有较强的杀伤力。本菌在土壤、粪便和水中能存活6个月以上。

2. 流行病学

该病各品种鸭、鹅均可感染，在自然条件下，主要危害雏禽，3周龄之内的雏禽更易感，对种禽也有一定的危害，能够导致种禽淘汰率提高，死亡率增加。该病呈地方流行性，病死率从很低到10%～20%不等，严重者高达80%以上。本病的传染源是患病的鸭、鹅。带菌鸭所产的蛋，污染沙门菌，可以导致孵化时死胚增加。本病的传染途径主要是消化道，也可由飞沫经呼吸道黏膜感染。本病还可垂直传染，沙门菌经种蛋传给雏禽。本病还可通过被污染的孵化器、饲料、饮水、绒毛而传播。禽舍的卫生状况和饲养管理不良、饲养密度过大往往是引发疾病的诱因。

3. 临床症状

雏禽患病后，主要呈急败血症经过。若孵出后不久即感染或是胚胎感染本病，常在数天内不出现任何症状而大批死亡。年龄较大的幼禽则常为亚急性经过，患禽精神沉郁，不愿走动，腿软，常独处；食欲减退，口渴增加，下痢，粪便呈白色，开始时呈稀粥状，以后发展为水样。病程稍长，病禽身体瘦弱，头部颤抖，眼结膜炎、流泪，眼周围的羽毛湿润，鼻内流出分泌物。病禽常出现神经症状，如共济失调、头颤抖和扭脖，几分钟后即死亡。雏鸭出现颤抖、喘息及眼睑水肿等症状，常猝然倒地而死，故有“猝倒病”之称。耐过的禽类可能会表现出某种程度的生长迟滞，在某些情况下，还可能并发关节炎或滑膜炎。当成年禽类被感染时，可能既没有临床症状。产蛋母禽可能表现出产蛋量下降。

刚出壳不久死亡的雏禽，大都是卵黄吸收不良，脐部发炎，卵黄黏稠、色深，肠黏膜充血、出血。较大日龄死亡的幼禽，肝脏显著肿大，呈青铜色，边缘钝圆，表面色泽很不均匀，表面也常散布有针尖大小的灰黄色小坏死灶。有些病例还可见到肝脏条纹状或点状出血。肠黏膜充血、出血。盲肠肿大，内形成干酪样物，直肠内充满秘结的内容物，并有出血点。气囊呈现轻微混浊不透明，有黄色纤维蛋白样斑点。在产蛋鸭或产蛋鹅中，可见到输卵管的坏死和增生，卵巢的坏死和化脓，这种病变常扩展为腹膜炎（图 1－35 至图 1－37）。

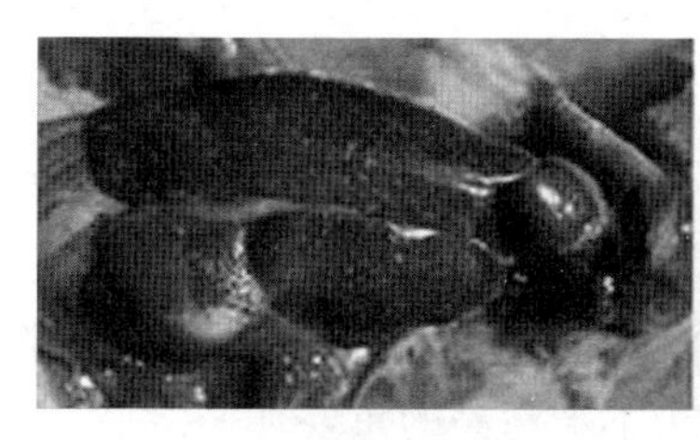

图 1－35　肝脏表面有白色坏死点　图 1－36　脾脏表面有白色坏死点

（图片引自：http：//image. baidu. com/）

图 1－37　肠黏膜呈糠麸样坏死

（图片引自：http：//image. baidu. com/）

4. 临床诊断

禽沙门菌病的诊断可依据该病的流行特点，临床特征及剖检病变作出初步诊断。如要确诊则需要实验室检查，分离、鉴定细菌。诊断时，应将该病与鸭疫里氏杆菌病、鸭大肠杆菌病、鸭病毒性肝炎、鸭霍乱、鸭链球菌病等进行鉴别。

机体各器官中以肝脏、心脏、肺脏和盲肠的分离率较高。常用的鉴定方法包括：细菌在培养基的生长情况、革兰氏染色和瑞氏染色、常规的生化试验等。但以上这些方法较繁杂，耗时较久，容易耽误治疗时机，所以，现在常用 ELISA 和 PCR 等技术来检测。

5. 防治

由于沙门菌可以经许多途径感染，目前，国内尚无商品化的沙门菌疫苗，因此，应制定综合防控措施。

（1）防止种蛋被污染。加强地饲养管理和环境卫生对于防治沙门菌病非常重要，是保障种蛋不被污染的重要环节之一。食槽、水槽、禽舍、产蛋窝应经常消毒、保持清洁。蛋库应定期消毒。蛋托、孵化室、孵化器的消毒是防蛋壳被污染的重要措施。

（2）防止雏鸭、雏鹅感染。接雏鸭、雏鹅用的木箱或雏盘应于使用前、后进行消毒，防止感染。出雏后应尽早地供给饮水和饲料，并可在饲料中加入适当的药物。患病种禽所产的蛋不能留作种蛋用。

（3）治疗方法。目前，抗生素的广泛大量使用，导致沙门菌耐药性十分严重。因此，在选用抗生素时，应先进行药物敏感试验，选择敏感性的药物进行治疗。常用的治疗沙门菌的抗生素有土霉素、甲砜霉素、氟甲砜素、氟哌酸、复方敌菌净、环丙沙星、恩诺沙星等。如应用环沙星可溶性粉时，可按每 100L 水中加入 5g，让鸭自由饮用，连用 3 ~ 5 天；应用恩沙星口服液时，按每 100L 水中加入 2. 5 ~ 7. 5g，让鸭自由饮用，也可按每千克饲料加入0.1g，让鸭自由采食，连用3～5天，在鸭群病情较重时应用氟甲砜霉素注射剂，全群进行肌内注射，每千克体重一次注射20g，每2天1次，连用2～3次。

四、禽巴氏杆菌病

禽巴氏杆菌病，又称禽霍乱，是由多杀性巴氏杆菌引起的鸡、鸭、鹅等禽类的急性、接触性、败血性传染病。禽巴氏杆菌病的特征表现为急性败血过程，临床表现为发热、腹泻、呼吸困难，其发病率和死亡率都很高，给养禽业造成极大的经济损失。我国动物防疫法将其列为二类动物疫病。

1. 病原

禽巴氏杆菌病的病原为多杀性巴氏杆菌，是革兰阴性兼性厌氧菌，菌体呈球杆状或短杆状，两端钝圆，大小为（0.25～0.4）×（0.5～2.5）μm。常单个存在，有时成双排列。病料涂片用瑞氏染色或美蓝染色时，可见典型的两极着色。无鞭毛，不形成芽孢。本菌对营养要求较严格。在普通培养基和麦康凯培养上生长贫瘠或不生长。在加有血液、血清或微量血红素的培养基中生长良好。最适温度为37℃，最适pH值为7.2～7.4。在血琼脂平板上培养24小时，长成水滴样小菌落，无溶血现象。在血清肉汤中培养，表面形成菌环。

本菌对热的抵抗力不强，在阳光中暴晒10分钟、56℃15分钟或60℃10分钟，即可被杀死。在腐败病死尸体中可存活3～4个月。本菌对消毒药的抵抗力不强，3%福尔马林、10%石灰乳或0.5%～1%氢氧化钠等5分钟可杀死本菌。本菌对青霉素、链霉素、四环素、土霉素、磺胺类等抗菌药物敏感。

2. 流行特点

各种日龄和品种的家禽包括鸡、鸭、鹅和火鸡对多杀性巴氏杆菌都有易感性。本病常散发或者呈地方性流行。一年四季都能发病，鸭群常呈大批流行性发病，一月龄的鸭发病率高，往往在几天内大批感染死亡。在高温、潮湿、多雨的夏、秋季节以及气候多变的春季最容易发生。

本病主要通过消化道、呼吸道、黏膜或皮肤外伤传染。本病的主要传染源是病禽和带菌家禽。带菌家禽外表无异常表现，但经常排出病菌污染周围环境、用具、饲料和饮水，构成重要的传播因素。病禽的排泄物污染饲料、饮水，通过消化道感染健康家禽，或由于病禽的咳嗽、鼻腔分泌物排出病菌，通过飞沫经呼吸道而传染。在禽群密度过大、舍内通风不良、改变饲料、气候突变等情况下，可以导致本病的发生和流行。

3. 临床表现与特征

由于家禽（鸭、鹅）的抵抗力和巴氏杆菌的致病力强弱不同，在疾病流行时家禽所表现的症状也不相同。根据临床症状表现一般可分为最急性型、急性型和慢性型。

（1）最急性型。本型病例多见于流行初期，几乎看不到临床症状，病禽表现突然死亡。有时病禽表现突然不安，倒地挣扎，拍翅抽搐，迅速死亡。由于发病太快，大多数情况下看不到典型的病理变化。有的可看到浆膜有小点状出血，心外膜和心冠脂肪有出血点，肝脏表面有很细微的黄白色坏死灶。

（2）急性型。急性型病鸭表现为精神不振，羽毛松乱，缩颈闭眼，行动缓慢无力，离群独处，闭眼嗜睡，尾翅下垂，食欲减退或废绝。体温升高到43～44℃，呼吸困难，口鼻流出黏液。病鸭常下痢，排出黄色或绿色稀粪。病程较短，一般几小时或数日死亡。明显的剖检病变为急性败血症，心冠脂肪上有出血点，肝、脾大，表面有针尖大灰白色坏死点，肠道出血严重，以十二指肠最为严重，肠内容物呈胶冻样，肠淋巴结肿大、出血，有的腹部皮下脂肪出血，产蛋鸭卵泡出血、破裂。

（3）慢性型。本型病例的病鸭逐渐消瘦，精神委顿，贫血，持续腹泻，有些病鸭关节肿胀，出现跛行。有的病鸭呼吸不畅，病程拖长至 1 个月以上，即使不死也会造成生长发育不良，产蛋量减少。慢性型常表现为慢性关节炎、肺炎、气囊炎等。关节肿胀，关节囊壁增厚，关节腔内有暗红色浑浊的黏稠状液体，有的有干酪样物质，肝脏表面有少量灰白色坏死灶（图 1－38 至图 1－44）。

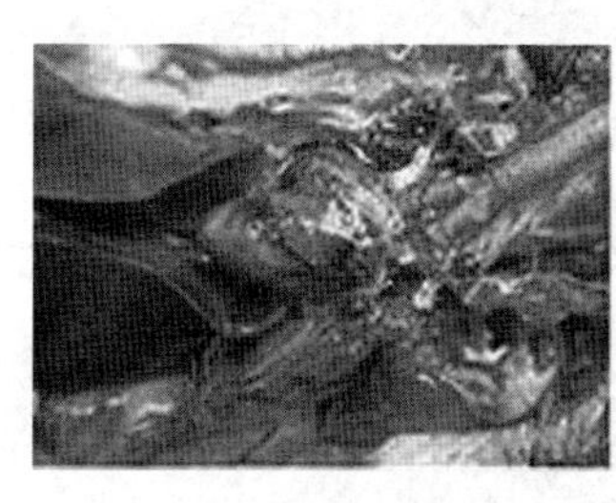

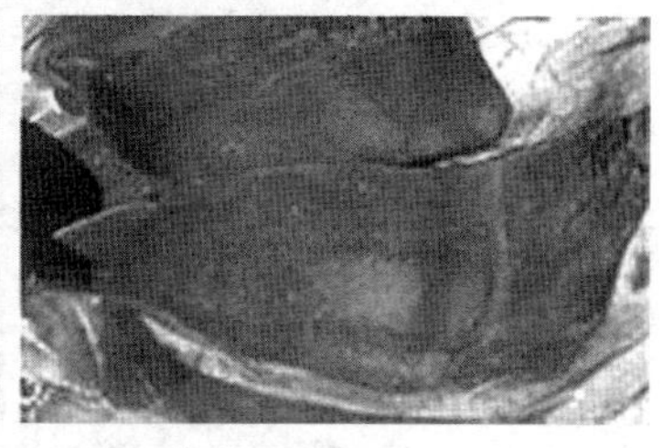

图 1－38　心肌外膜、心冠脂肪出血　图 1－39　肝脏表面针尖大小白色坏死点

（图片引自：http：//web. zgny. com. cn/）

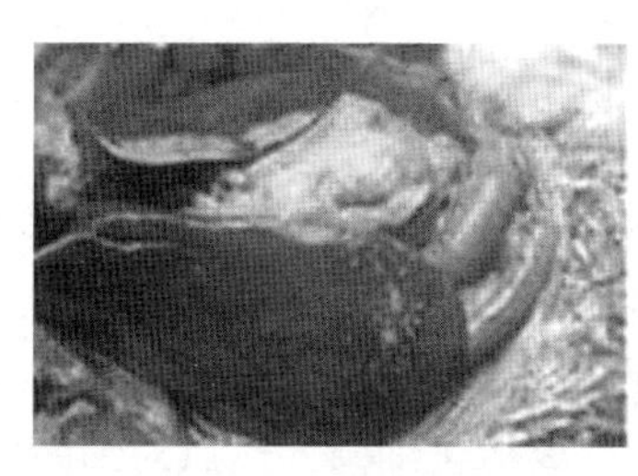

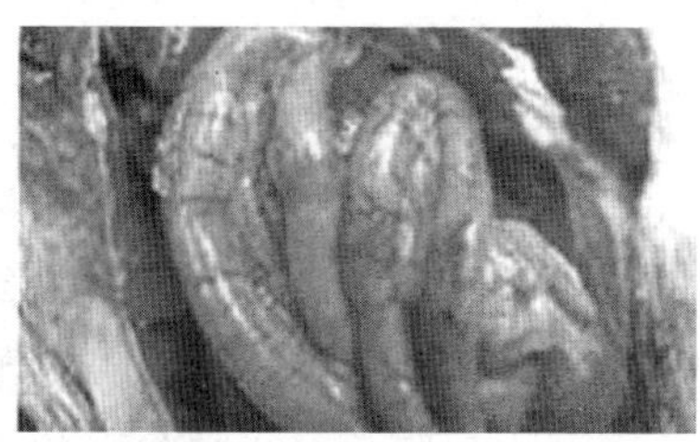

图 1－40　肝脏表面不规则白色坏死灶　图 1－41　肠道外观环状出血带

（图片引自：http：//web. zgny. com. cn/）（图片引自：http：//web. zgny. com. cn/）

4. 临床诊断

根据流行病学特点、病史、临床症状和病理变化一般可进行初步诊断。怀疑霍乱时，可用肝脏或心血做涂片，分别进行革兰

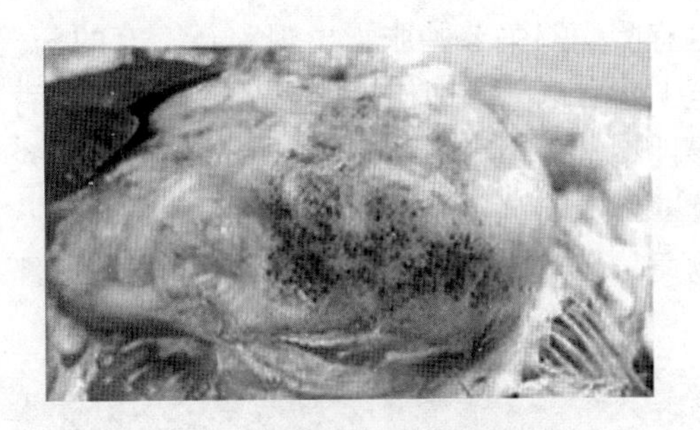

图 1－42　鸭霍乱腹部皮下脂肪出血

（图片引自：http：//web. zgny. com. cn/）

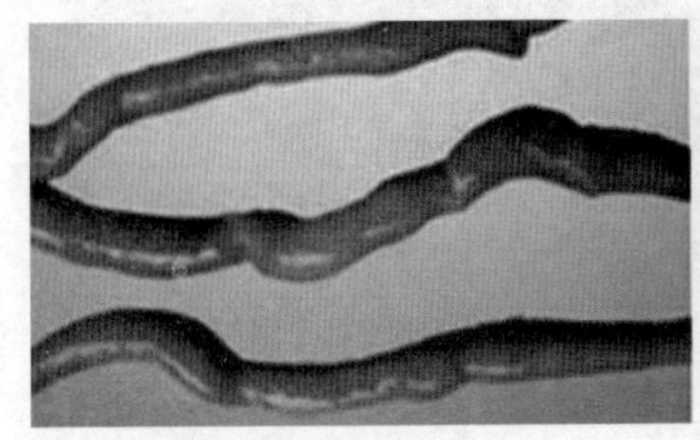

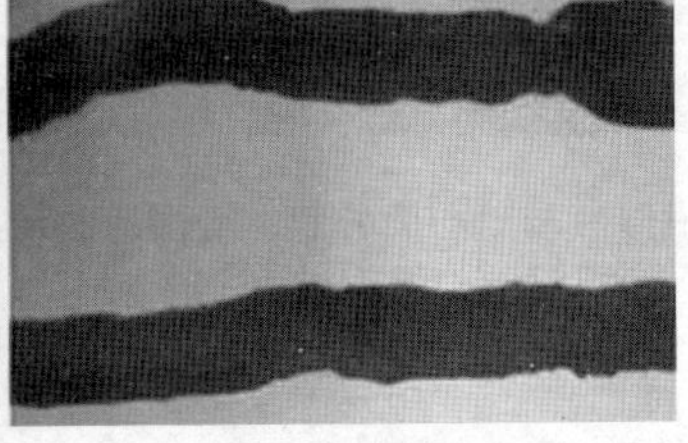

图 1－43　肠管浆膜出血　　　　**图 1－44　十二指肠黏膜出血**

（图片引自：http：//image. baidu. com/）

或瑞氏染色、镜检。当发现有大量的两极染色的革兰阴性短小杆菌时，可作出初步诊断。最后确诊必须进行病原分离培养、鉴定和动物接种试验等实验室检验。无菌采取病死鸭的肝脏或心血，接种于马丁琼脂平板或血液平板，分离纯化细菌，然后对细菌做进一步的生化和血清学鉴定及动物接种试验。

5. 防治

应建立严格的饲养管理和卫生防疫制度，引种时要进行严格检疫。在发病地区应定期进行预防接种，并采取综合防疫措施。本病发生时，应及时采取封锁、隔离、治疗、消毒等有效的防治措施，尽快扑灭疫情。

（1）加强饲养管理。禽霍乱的发生多因该病原是体内条件致病菌，当遇到饲养条件欠佳、环境气候突变等应激因素时即可引发该病。应搞好饲养管理，使家禽保持较强的抵抗力。增加营养，避免禽群拥挤和禽舍潮湿。严格执行定期消毒卫生制度，尽量做到自繁自养，采取全进全出的饲养制度，加强禽群的饲养管理，平时严格执行禽场兽医卫生防疫措施。加强环境卫生，禽舍保持通风干燥。尽可能地防止饲料、饮水或用具被巴氏杆菌污染。

（2）免疫预防。在禽霍乱流行地区，应当考虑免疫接种，目前常用的疫苗有禽霍乱荚膜亚单位疫苗、禽霍乱弱毒疫苗、禽霍乱氢氧化铝灭活苗等，选择疫苗时应考虑当地流行的禽多杀性巴氏杆菌的血清型，否则，容易造成免疫失败。3 个月龄以上的鸭，肌内注射禽霍乱氢氧化铝灭活苗 2ml，免疫期 3 个月。若用禽霍乱弱毒活菌苗，每只鸭肌内注射 0.2 ~ 1.0ml，免疫期为 6 个月。有条件的鸭场或鹅场，可从发病鸭或鹅中分离流行菌株，制成自家灭活菌苗，然后进行免疫。

（3）药物治疗。禽霍乱爆发后可用药物进行治疗，多种药物对禽霍乱均有治疗作用。但长期使用某一种药物易产生抗药性，影响疗效。因此，应结合药敏试验来选择药物。对于产蛋鸭，应避免使用磺胺药，以免影响产蛋。一般连续用药不应少于 5 天，之后可改换另一种药物，防止复发。常用的药物有青霉素、链霉素、磺胺类药物等。对于群体比较小的鸭群可进行肌内注射，青霉素每千克体重 5 万单位，链霉素每千克体重 2 万单位，连用 3 天。治疗大群鸭时，可按 0.05% ~0.10% 的比例拌料，连用 3 ~4 天。磺胺二甲基嘧啶、磺胺二甲基嘧啶钠等拌料量为 0.2%，饮水量 0.04 ~0.1%，连喂 2 ~3 天。磺胺类药物若与增效剂合用，可降低其用量为 0.025%，使用时间可以延长。

五、葡萄球菌病

鸭、鹅葡萄球菌病是由金黄色葡萄球菌引起的一种急性或慢性传染病，是危害养鸭、鹅业的重要疾病之一。幼雏感染发病后，常呈急性败血症经过，发病率高，死亡严重。成年鸭、鹅感染发病后，经常引起关节炎，病程较长。

1. 病原

金黄色葡萄球菌是革兰阳性菌，不形成芽孢，不能运动，易在普通培养基上生长，能产生多种毒素和酶，有较强的致病力。金黄色葡萄球菌的抵抗力不强，经 60℃30 分钟可被杀死，对甲醛敏感，对庆大霉素、青霉素等抗生素敏感，但易产生耐药性。

2. 流行特点

金黄色葡萄球菌在自然界中分布广泛，经常存在于禽类体表皮肤羽绒上。本病一年四季均可发生，以雨季、潮湿时节发病较多。病菌从鸭、鹅皮肤的外伤和损伤的黏膜侵入机体，也可以通过直接接触和空气传播，雏鸭、鹅脐带感染也是常见的途径。导致鸭损伤的主要因素有网刺及异物损伤、脐带感染。鸭群过大、拥挤，通风不良，鸭舍空气污浊，鸭舍卫生较差，饲料单一、缺乏维生素和矿物质，以及存在某些疾病等因素，均可促进本病的发生和增大死亡率。

3. 临床表现与特征

由于病原菌侵害的部位不同，本病在临床上表现出多种病型。

（1）急性败血型。本型病例发病急、病程短、死亡率高、危害性大。病鸭或病鹅精神不振呈半睡状，翅膀下垂，羽毛松乱无光泽，食欲缺乏，排出灰白色或黄绿色稀粪。有的可见到胸腹股皮下水肿充血、溶血呈黑紫色，有血样渗出液，破溃后流出紫黑色液体。在眼睑、翅膀、背及腿部的病变皮肤不同程度地出现点状出血、炎症、坏死、结痂，心外膜有出血点，心包膜积液。

（2）脐炎型。本型病例易发生于出壳不久的雏鸭及雏鹅，经常发生于7日龄以内。临床特征是体质瘦弱，缩颈合眼，饮食减少，卵黄吸收不良，腹围膨大，脐部发炎膨胀，脐孔发炎紫红色肿大外翻，有暗红色液体流出。常因败血症死亡。病死雏鸭或雏鹅脐部常有坏死性病变，卵黄稀薄如水。

（3）皮肤型。皮肤型病例多因皮肤外伤感染，引起局灶坏死性炎症或腹部皮下炎性肿胀，皮肤呈蓝紫色，触诊皮下有液体波动感。病程稍长，皮下化脓坏死，引起全身性感染，食欲废绝，最后因体质衰竭而死。病死禽皮下有出血性胶样浸润，液体呈黄棕色或棕褐色，也有坏死性病变。

（4）关节炎型。经常发生于中鸭和成鸭，表现为趾关节和跗关节肿胀，跛行。在病鸭关节囊内或滑液囊内，有浆液性或纤维素性渗出物，病程稍长者关节囊内有炎性分泌物或干酪样坏死性物质。青年鹅多见，为多发性关节炎．多发生于胫跖关节、跗关节及趾关节，关节肿胀，附近的肌腱，腱鞘也发生炎性病变，肿胀变形（图1－45）。

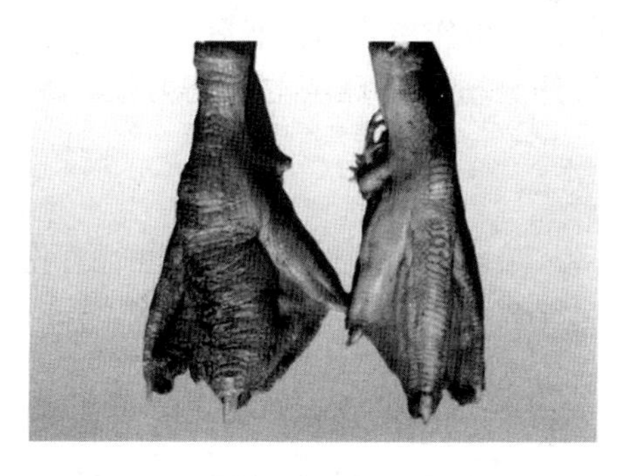

图1－45　种鸭跖趾关节和趾关节肿大、变硬（右侧为正常对照）

（图片引自：http：//www. yzydt. com/）

（5）内脏型。内脏型病例表现食欲减退，精神不振，有的腹部下垂，俗称“水裆”。病死禽肝脏肿胀，质地较硬，淡黄绿色，有黄白色点状坏死灶；脾脏有的稍肿；心外膜有小出血点；泄殖腔黏膜有时有坏死性溃疡灶；腹膜发炎，腹腔内有腹水和纤维素性渗出物。

（6）眼炎型。本型病侧眼睑眼球肿胀，流泪，角膜损伤，结膜红肿发炎，角膜混浊易碎，眼角有多量分泌物，角膜表面及结膜囊内有大量干酪样分泌物，在前眼房液中可分离出病原菌，严重时导致病鹅失明，因不能采食导致衰竭死亡，发病率达20%，死亡率为2%。

（7）趾瘤型。趾瘤型多发生于成年或重型种禽。感染局部形成疙瘩，病程长时疙瘩质实，病禽跛行。疙瘩部位易磨破流血，病变部位破溃时，脓液流出，后期形成增生性肉芽肿。

4. 临床诊断

根据发病的流行病学特点、病史、各型临床症状和病理变化，可以在现场作出初步诊断。如需确诊，则要通过实验室的细菌学检测。根据不同病型采取病料，涂片、染色、镜检，可见到多量的葡萄球菌，即可作出诊断。然后进行病原分离培养、鉴定和动物接种试验等分析葡萄球菌的致病力强弱，判定是否为致病菌。

5. 防治

预防加强鸭、鹅群饲养管理，防止异物性外伤。从种鸭、鹅产蛋环境开始做好各个环节的清洁卫生消毒工作，防止异物刺伤或接种疫苗时刺伤皮肤。种公鸭、鹅应断爪，运动场内要清除铁钉、铁丝、破碎玻璃等尖锐异物及细丝线、棉线等，防止鸭、鹅掌被刺破或鸭、鹅腿被缠绕受损伤而感染。接种疫苗时，应选用适当孔径的注射针头，减少损伤面，同时，要做好局部消毒工作。

可以选用庆大霉素、红霉素、甲砜霉素、氟甲砜霉素和卡那霉素等进行治疗。

庆大霉素或卡那霉素饮水：0.01%～0.02%；肌注：每千克体重5～10mg，2次/日，连用3天。

红霉素抗菌药物，饮水：0.005%～0.02%，拌料：0.01%～0.03%。

链霉素抗菌药物，肌注：每千克体重5万单位，雏鹅慎用。

氯霉素拌料：0.2%；肌注：每千克体重5～10mg，2次/日，连用3天。

磺胺类药物磺胺嘧啶、磺胺二甲基嘧啶，拌料：0.5%，连用3～5天，饮水：0.1%～0.2%。

磺胺-5-甲氧嘧啶或磺胺-6-甲氧嘧啶，拌料：0.3%～0.5%，3～5天。

林可霉素拌料每千克体重30mg，3次/日。

丁胺卡那拌料每千克体重15mg，2次/日，两者交替使用，连用3～5天。

六、链球菌病

鸭链球菌病主要是由兽疫链球菌、粪链球菌所引起的一种以败血症、发绀、下痢为特征的急性或慢性传染病，可通过口腔、空气、伤口传播。

1. 病原

链球菌是圆形或卵圆形的革兰阳性菌，无芽孢，不运动，过氧化氢酶阴性，不耐热，55～60℃ 30分钟即可杀死。在液体培养基中生长时为成对或链状排列的球菌。易被各种常用消毒药杀灭，但对各种自然因素有一定抵抗力。在痰、渗出物及动物排泄物中可生存数周，在尘埃中无日光照射时可生存数天。从水、尘埃、乳汁及动物粪便中皆可检出。

2. 流行特点

受污染的饲料、饮水、空气可传播本病，可经蛋壳污染禽胚。主要通过口腔和空气传播，也可通过损伤的皮肤传播，蜱也是传播媒介。春季易流行。易感动物不分年龄和品种。

3. 临床表现与特征

急性病例体温升高，昏睡或抽搐，发绀，头部有出血，并出现下痢，死亡率较高。慢性病例精神不振，嗜睡冷漠，食欲减少或废绝，羽毛蓬乱，怕冷，头藏翅下，呼吸困难，冠及肉髯苍白，持续性下痢，体况消瘦，产卵量下降。濒死鸭出现昏迷、痉挛或角弓反张等症状。病程稍长的出现跛行或站立不稳，蹲伏，消瘦，有的出现下痢、眼炎或痉挛、麻痹等神经症状。

剖检可见皮下及全身浆膜、肌肉水肿出血。心包积液，心外膜有出血。肺脏水肿或充血、出血。脾大，充血或发黑。肾肿大，充血，尿酸盐沉积。肝大，有脂肪变性，并见有坏死灶。腺胃、肌胃外膜严重出血，腺胃、肌胃内膜交界处弥漫性出血；肠系膜严重出血，盲肠出血，肠壁肥厚。卵巢出血，输卵管水肿发炎。有的病例在气管、喉头黏膜可见到出血点和坏死灶，表面有黏性分泌物，有的发生气囊炎，气囊浑浊，增厚。病程长的出现纤维素性关节炎、卵黄性腹膜炎和纤维素性心包炎，肝、脾、心肌等实质器官出现变性、坏死。

4. 临床诊断

根据临诊症状和病理变化，怀疑是链球菌感染，需要进一步采取涂片镜检、分离培养、生化试验、动物接种试验确诊。

采取病死鸭肝、脾组织和心、皮下渗出物、关节液等病料，涂片用革兰氏染色法染色，镜检。无菌操作取病料接种于普通营养琼脂培养基、血液琼脂培养基和麦康凯琼脂培养基上，37℃条件下培养 24～48h。观察菌落形态和溶血情况。挑取单个菌落接种于肉汤培养基中，置 37℃条件下培养 24h，观察肉汤混浊情况，取样镜检。肉汤培养物接种于微量生化发酵管，置37℃培养24～48h。根据临床症状、病理变化，结合实验室检查，诊断结果可靠（图1－46至图1－52）。

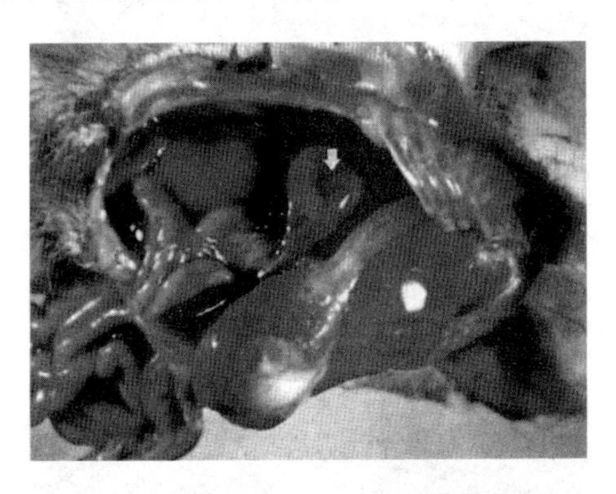

图1－46　脾脏肿胀，表面有出血点

（图片引自：http：//bk. xumu001. cn）

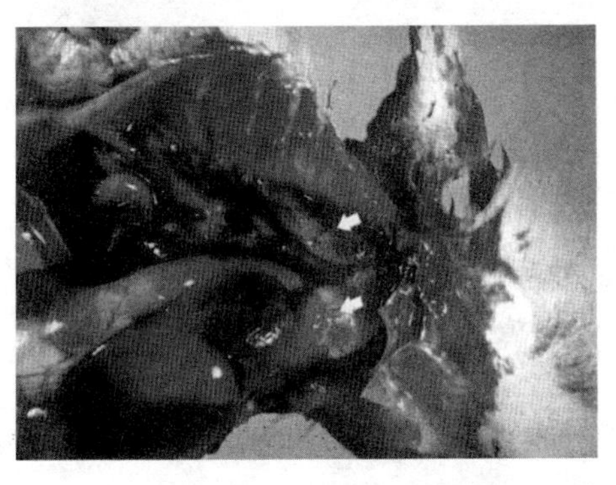

图1－47　心冠状脂肪上有出血点，脾有出血病变

（图片引自：http：//bk. xumu001. cn）

5. 防治

加强饲养管理，尽量减少应激的发生，如气候变化，温度降

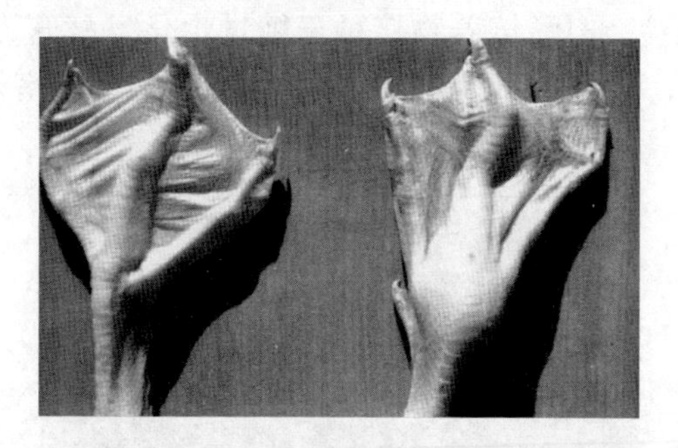

图 1-48　趾关节肿胀，左图为正常

（图片引自：http：//wenku. baidu. com）

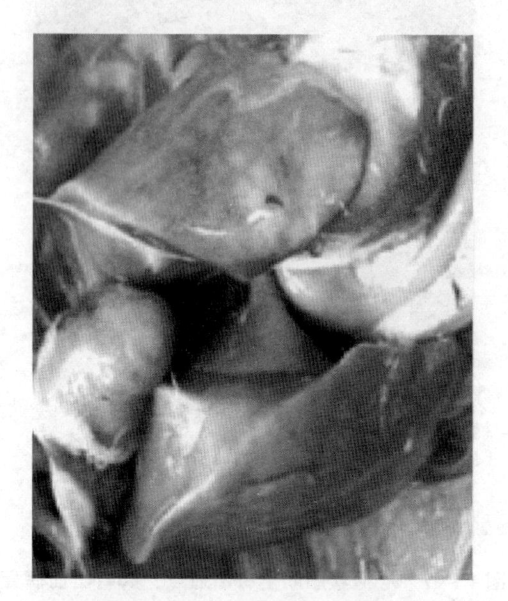

图 1-49　肝脏肿大，淡黄色

（图片引自：http：//image. baidu. com）

低，环境污秽不卫生，阴暗潮湿，空气混浊，饲养密度过大和体

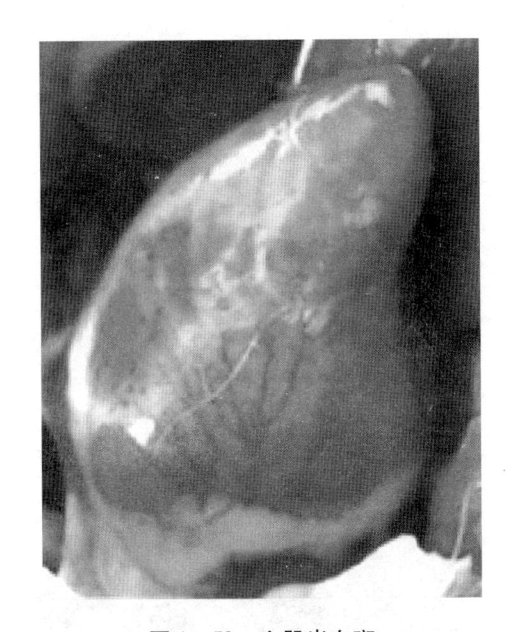

图 1－50　心肌出血斑

（图片引自：http：//image. baidu. com）

况低下等，以提高鸭群对病原菌的抵抗力；搞好卫生防疫工作，保持场舍和环境的清洁卫生，健全消毒制度，消灭可能存在的病原菌。

定期投服药物预防，可通过药敏试验选择几种高敏药物交替使用，以免细菌产生耐药性。可全群给予 0.2% 氯霉素拌料口服。一旦发现疑似病例及时隔离，送检，对鸭舍、场地等环境进行消毒。

对发病鸭用庆大霉素 10 000IU/只饮水，每日 2 次，同时口服补液盐，连用 3～5 天。重症病鸭肌注庆大霉素按 2 000IU/只，每日 2 次。

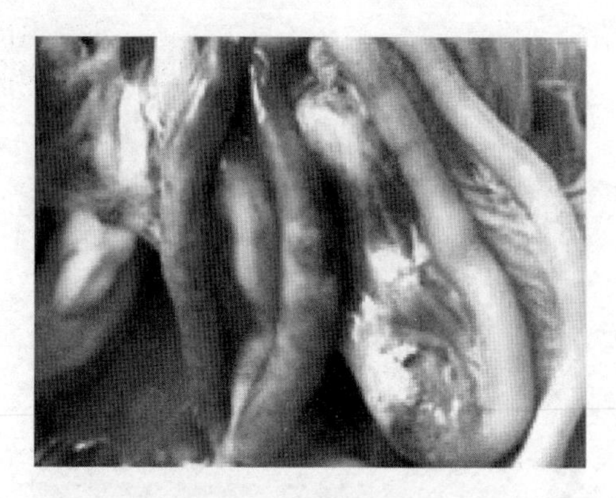

图 1－51　盲肠出血

（图片引自：http：//image. baidu. com）

图 1－52　小肠局灶性增粗，肠壁出血

（图片引自：http：//image. baidu. com）

七、鸭支原体病（慢性呼吸道病）

鸭支原体病又叫霉形体病或慢性呼吸道疾病，简称“慢呼”，是由支原体引起的一种接触性传染病。主要侵害呼吸道，本病特征是发展较慢，病程长，在鸭群中长期蔓延，尤其是在气候多变的冬春季，发病率较高。发生本病后，鸭体抵抗力降低，极易并发大肠杆菌病。如并发大肠杆菌病，可造成大批鸭只死亡，给养鸭业造成较大的经济损失。

1. 病原

鸭支原体用姬姆萨或瑞氏染色着色较好，呈淡紫色，革兰染色时着色淡，呈弱阴性，大小约 0.25～0.5μm。在电子显微镜下观察形态不一，一般为球形、卵圆形，有时为棒状、球杆状。本病原培养时，培养基中需加入 10%～15% 的灭活的猪、禽或马血清和酵母浸出液才能生长。至少培养 3～5 天后，才能形成表面光滑、圆形、透明，中央突起呈乳头状如煎蛋状或草帽状，边缘整齐，直径很少超过 0.2～0.3mm 的细小菌落。在马新鲜血琼脂上能引起溶血。最适培养温度 37～38℃，最适 pH 值 7.8。

支原体在发育的鸡胚中生长良好。接种 5～7 日龄鸡胚的卵黄囊内，于接种后 5～7 天鸡胚死亡，胚体短小，全身水肿，呼吸道有干酪样渗出物，皮肤、尿囊膜及卵黄膜出血，翅、腿、颌关节化脓性肿胀，肝、脾大，肝坏死。在死胚的卵黄、卵黄囊和绒毛尿囊中含量最高；在病死鸡则存在于呼吸器官、气囊及输卵管中，尤以上呼吸道中存在为多。

2. 流行特点

支原体一年四季都可发生，但在严寒和炎热极端天气条件下，特别是密度过大，透风不良，存在并发感染，营养不良等情况下发生，流行最严重发病的严重程度与死亡率的高低，同这些诱发因素有密切的关系。可通过垂直传播和水平传播。也可由空气所带的尘埃或飞沫及感染鸡的分泌物污染的饲料、饮水、用具、衣物等媒介，经呼吸道和消化道及泄殖腔而感染。

统计结果表明，发病率 15%～30%，死亡率在雏鸭可达 20%～35%、青年鸭 10%～20%、成年鸭 1.5%～5%；成年鸭在发病后 10 天左右开始产蛋下降，至 45 天，可从原先的

90%～95%跌至60%～65%。另外，鸭群在有其他细菌、病毒或中毒性疾病继发、并发时，则死亡率更高。

3. 临床表现与特征

发病鸭均有轻微的咳嗽、喷嚏及张口呼吸；雏鸭往往出现不同程度的畏寒“扎堆”现象；青年、成年鸭往往因下水后长期沾水湿毛而出现“恐水”。在雏鸭及青年鸭偶尔可见鼻孔周围有污染物附着，出现双眼周围羽毛沾染分泌物附黏在上下眼睑，形成灰黑色眼圈，俗称“戴眼镜”。幼龄鸭发病后出现食欲缺乏，生长发育迟缓，逐渐消瘦，发病后5～7天可出现死亡。成年鸭初期食欲几无影响，常于发病7～15天后采食量逐渐下降，产蛋率及受精率也同时下降，并有极少数鸭子发生突然狂叫狂癫而死亡，在驱赶或提颈抓鸭时更为多见。

全身脏器包括胸腹气囊并没有与鸡毒支原体病浆膜、气囊上布满干酪样或脓性渗出物的现象。但支气管，尤其是肺内小支气管可发现管腔内充满干酪状或黏液－干酪状渗出物，如条索状和蛋花样，这是鸭败血支原体的特征（图1－53至图1－57）。

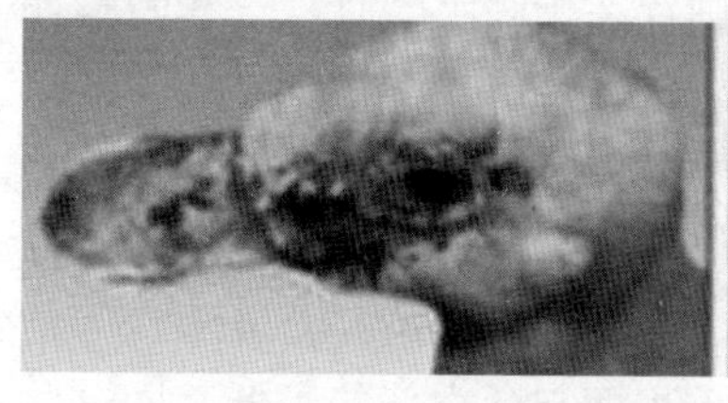

图1－53　眼鼻有浆液性黏性渗出物

图1－54　呼吸困难

（图片引自：http：//image. baidu. com/）

4. 临床诊断

根据流行病学、病史、临诊症状和病理变化，即可作出初步判定。如需确诊，则要通过实验室的细菌学检测。

（1）镜检取病鸭肝、脾组织涂片，做革兰染色，镜检，可

图 1－55　眼下肿胀

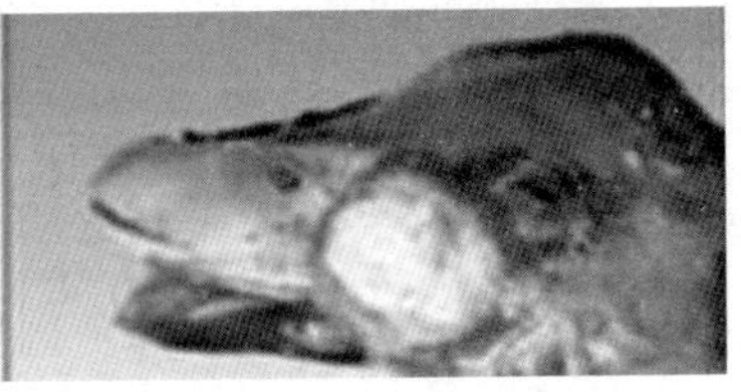

图 1－56　灰白色干酪样渗出物

（图片引自：http：//image. baidu. com/）

图 1－57　鸭支原体病变

（图片引自：http：//image. baidu. com/）

见到大量的两端钝圆革兰阴性短小杆菌。

（2）细菌分离以无菌操作取病鸭的肝、脾组织接种于麦康凯琼脂平板上，经 37℃ 24 小时培养后长出半透明的红色菌落。挑取菌落做涂片染色后，镜检，可见到革兰阴性两端钝圆小杆菌。

（3）以琼扩试验检测禽流感（AI）、传染性支气管炎（IB）、传染性喉气管炎（ILT），玻板凝集试验检测支原体、沙门菌，结果支原体呈现玻板凝集反应阳性，其他结果均为阴性。

（4）再做进一步检验。取病鸭气管和气囊内渗出物制成混悬液，加青霉素抑菌，接种于鸭支原体培养基中，培养5～7天，培养基上长出细小菌落。取培养物涂片，用姬姆萨染色镜检，发现有小球状、细小圆形的支原体。

5. 防治

（1）加饲养管理。在鸭舍内安装保暖设备，尽量减少昼夜温差，使鸭群处在一个温暖舒适的环境中。对鸭群及养鸭环境用绿威霸消毒液进行彻底消毒，每天1次，连用7天。

（2）治疗。按说明书在饮水中加新华特效喘痢刹（主要成分：环丙沙星等）。饲料内混强效支菌（主要成分：泰乐苗素等）。配合一些清热解毒，清肺止咳，收敛止泻的中草药治疗，方剂：栀子100g，黄芩100g，桔梗100g，金银花100g，连翘100g，板蓝根100g，辛夷100g，知母80g，黄柏80g，细辛80g，白头翁100g，甘草80g，共研磨细末混匀，按2%添加到饲料内，连用5天。增加多种维生素，增强机体的抗病力，通过采取以上综合性的治疗措施，3天后临床症状消失，食欲基本恢复正常，5天后鸭群恢复健康。

八、念珠菌病（鹅口疮）

鹅口疮是由一种酵母状真菌引起的真菌性口炎，又称念珠菌病，是消化道上部的真菌病，各种家禽和动物都能够感染，但主要发生于鸡、鹅和火鸡。其特征为上部消化道，如口腔、喉头、食道嗉、囊黏膜形成白色假膜和溃疡，有时蔓延侵害胃肠黏膜。

1. 病原

白色念珠菌为假丝酵母菌属的成员，在病变组织渗出物和普通培养基上产生芽生孢子和假菌丝，不形成有性孢子。菌体圆形或卵圆形，革兰染色阳性。在普通琼脂、血琼脂与沙堡氏培养基上均可良好生长。需氧，室温或37℃培养1～3天可长出菌落。菌落呈灰白色或奶油色，表面光滑，有浓厚的酵母气味，培养稍久，菌落增大。菌落无气生菌丝，但有向下生长的营养假菌丝，在玉米粉培养基上可长出厚膜孢子。本菌的假菌丝和厚膜孢子可作为鉴定依据。

2. 流行特点

该病主要发生于鸡、鹅、火鸡、珠鸡和鸽等禽类，猪、牛和人也可被感染。不论何种畜禽，幼龄的发病率和死亡率都比老龄高，饲养管理不好、饲料配合不当和维生素缺乏会导致动物机体抵抗力降低，促使该病发生和流行。该病也可通过鸡卵传染。

3. 临床表现与特征

病禽精神萎靡，羽毛松乱，生长不良，口腔黏膜形成黄白色假膜，因吞咽困难而不愿吃食，逐渐消瘦死亡；嗉囊松软下垂，挤压时从口腔流出酸臭气体或内容物；眼睑和口角有时可见痂样病变，腿部有皮肤病变，口腔和舌面可见溃疡坏死。由于上部消化道受损害而吞咽困难，嗉囊胀大，触诊松软有痛感，压之有气体或有酸味的内容物排出，鹅常常下痢，逐渐消瘦，死前出现痉挛状态。

病理解剖嗉囊黏膜增厚，表面有灰白色、圆形隆起的溃疡，黏膜表面有假膜性斑块和易刮落的坏死物。病变可见口腔、咽喉、食管和嗉囊黏膜肿胀、坏死、出血，表面覆盖白色、灰白色、黄色或褐色纤维素性或干酪样假膜，撕开假膜可见红色溃疡出血面，以嗉囊病变最明显。病变常形成黄色、豆渣样的典型“鹅口疮”，腺胃偶然也受感染，黏膜肿胀、出血，表面附有卡他性或坏死性渗出物（图 1－58 至图 1－60）。

4. 临床诊断

根据流行病学、病史、临诊症状和病理变化，即可作出初步判定。特征为软嗉囊症和酸臭气味。剖检可见嗉囊黏膜增厚、皱褶加深、附有多量的豆腐渣样坏死物。如需确诊，则要通过实验室的细菌学检测。

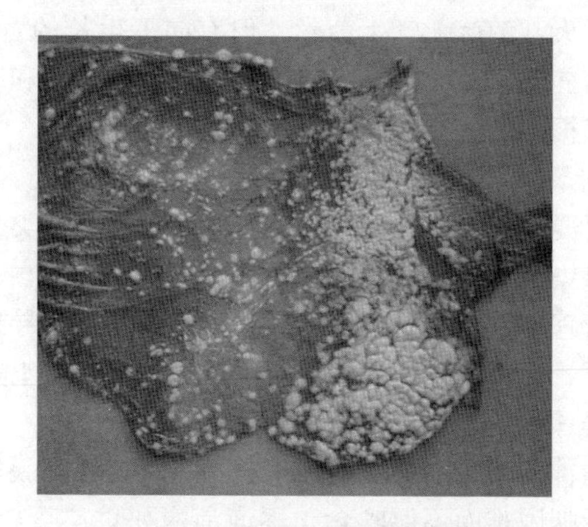

图1－58　嗉囊黏膜有干酪样假膜

（图片引自：http：//bbs. jbzyw. com/）

图1－59　禽类口腔内有白色坏死物

（图片引自 http：//www. hrqixing. com/）

（1）镜检。取病变部棉拭或刮屑、痰液或渗出物作涂片，革兰染色，镜检可见革兰阳性的芽生酵母样细胞。

（2）培养。将上述标本接种于沙保罗培养基上，置室温或37℃培养，镜检典型菌落的菌体和芽生假菌丝后，再将初代分离的酵母样菌接种于含有1%吐温80的大米粉琼脂，25℃培养

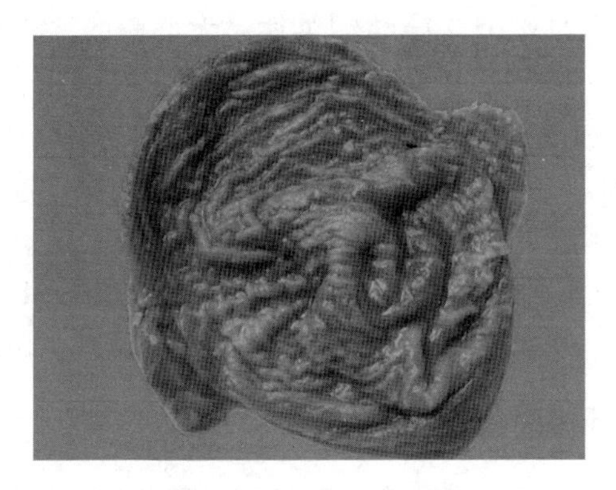

图 1-60　嗦囊黏膜明显增厚，表面有白色真菌性病灶

（图片引自 http：//www. hrqixing. com/）

24～48 小时，镜检可见菌丝顶端产生圆形厚壁孢子，或者接种于 0.5ml 羊血清中，置于 37℃温箱内，经 4 小时，镜检见有芽生孢子及芽管形成。

（3）血清学检查。免疫扩散试验、乳胶凝集试验及间接荧光抗体试验对全身性假丝酵母感染的诊断均有一定的价值。

（4）动物试验。用 1% 菌悬液 1.0ml，对家兔耳静脉注射，经 4～5 天死亡。剖检见肾脏高度肿胀，肾皮质区有播散状粟粒大的小浮肿，这个结果可确定其致病性。

5. *防治*

加强卫生管理，保持清洁环境干燥。避免滥用抗微生物药物，以免影响消化道正常细菌区系。保证饲料营养的全面，防止继发感染和避免造成机体抵抗力下降不良因素的刺激。种蛋入孵前要清洗消毒。改善禽舍内的潮湿状况，及时清除粪便。同时，用 2% 福尔马林对整个禽舍喷雾消毒，每天 2 次。

发现病鹅应立即隔离，并及时治疗。口腔黏膜溃疡灶的治疗可涂布碘甘油，治疗食道膨大部的溃疡，可灌服 2% 硼酸溶液消毒，饮水中添加0.05%硫酸铜供饮。大群鹅的治疗可添加制霉菌素50万~100万IU/kg饲料，病禽可用制霉菌素按50~200mg/kg饲料混饲，连用3~5天。在饮水中添加0.5%硫酸铜连饮1~3周。克霉唑按每百只雏禽1g混料内服，连用3~5天。口腔病变可用碘甘油或1%~5%克霉唑软膏涂擦，也可向食道膨大部注入2%硼酸水数毫升。还可用1:2 000~1:3 000硫酸铜溶液饮水，连服1周。以上措施均能够有效减少该病的发生。

九、魏氏梭菌性坏死性肠炎

坏死性肠炎是由魏氏梭菌引起的一种急性非接触性传染病。其临床特征是体质逐渐衰弱，食欲减少，患鸭排出黑色或混有血液的粪便。病死鸭常突然死亡，以小肠后端黏膜坏死为特征，因此，称“烂肠病”。

1. 病原

本病的病原是A型或C型魏氏梭菌，又称产气荚膜杆菌，为革兰阳性杆菌，两端钝圆。芽孢大而圆，位于菌体中央或近端。坏死性肠炎主要由本菌产生的α毒素及β毒素所致。本菌广泛存在于自然界，通常存在于土壤、饲料、蔬菜、污水、粪便中。本菌属于严格厌氧菌，其繁殖体抵抗能力不强，但形成芽孢后，对热、干燥和消毒药的抵抗力显著增强。寒冷、饲养不当以及饲喂过多精料时可诱发本病。

2. 流行特点

本病一年四季均可发生。在正常的动物肠道就有魏氏梭菌，它是多种动物肠道的寄居者，因此，粪便内就有它的存在，粪便可以污染土壤、水、灰尘、饲料、垫草、一切器具等。另外发病的鸭多为2~3周龄到4~5月龄的青年鸭，产蛋鸭也有发生，它们受体内外的各种应激因素的影响，如球虫的感染，饲料中蛋白质含量的增加，肠黏膜损伤，口服抗生素，污染环境中魏氏梭菌的增多等都可造成本病的发生。

3. 临床表现与特征

鸭群突然发病，产蛋量迅速下降。病鸭精神萎靡，羽毛蓬松，闭目呆立，食欲减退或废绝，胸肌萎缩，离群寡居不愿活动，强行驱赶行动明显迟缓。排红色乃至深褐色煤焦油样粪便，有的粪便混有血液和肠黏膜组织。病鸭体温下降，最后极度消瘦而死亡。病、死鸭嗉囊内有积液，倒提可从口腔流出黏性液体。

本病的主要病变是坏死性肠炎。病变肠管浆膜呈深红色或淡黄色、灰色，有出血斑点。切开增粗的肠段，内有血样液体，十二指肠黏膜出血。疾病后期见空肠和回肠黏膜表面等覆盖一层黄白色恶臭的纤维素性渗出物和坏死的肠黏膜，空肠和回肠黏膜上有散在的枣核状溃疡灶，溃疡深达肌层，上覆一层伪膜。有的病鸭输卵管中有干酪样物质堆积（图 1－61）。

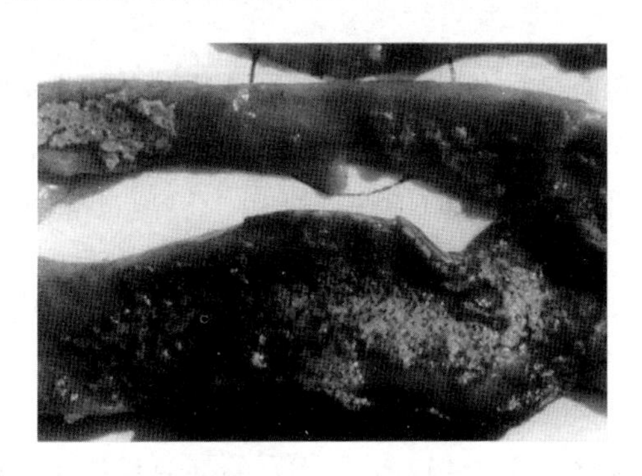

图 1－61　回肠黏膜表面覆盖一层纤维素性、坏死性分泌物

（图片引自陈伯伦《鸭病》）

4. 临床诊断

临床上可根据症状及典型的剖检及组织学病变作出诊断。进一步确诊可采用实验室方法进行病原的分离和鉴定及血清学检查。

5. 防治

加强饲养管理，防止受寒，避免食入冰冻饲料。定期对圈舍进行消毒处理，保持圈舍的干燥卫生。疫情严重时，转移放牧地。

治疗：全群用三甲氧苄氨嘧啶加 0.2% 氟苯尼考饮水，每天饮水 3 次，连饮 5 天。饲料中添加电解多维，连喂 5 天。对严重病鸭，肌内注射链霉素 20 万 IU/只，卡那霉素 5 万 IU/只，每天 1 次，连续治疗 4 次。

十、鸭结核病

鸭结核病是由禽结核分枝杆菌引起的一种慢性接触性传染病，本病的临床特征是进行性消瘦，精神萎靡，贫血。剖检病变主要在内脏器官尤其是肝、脾、肺等器官呈现白色结节。

1. 病原

本病的病原是禽分枝杆菌，革兰阳性菌，用抗酸染色后为菌体呈红色。本菌为多型性，普遍呈杆状，两端钝圆，也可见到棍棒样的、弯曲的和钩形的菌体。本菌不形成芽孢和荚膜，无运动力。

本菌为专性需氧菌，对营养要求严格。生长速度缓慢，一般需要 1 ~2 周才开始生长，3 ~4 周方能旺盛发育。病菌对外界环境的抵抗力很强，在干燥的分泌物中能够数月不死。在土壤和粪便中的病菌能够生存 7 ~12 个月，有的甚至长达 4 年以上。

本菌细胞壁中含有大量脂类，对外界因素的抵抗力强，特别对干燥的抵抗力尤为强大；对热、紫外线较敏感，60℃ 30 分钟死亡；对化学消毒药物抵抗力较强，对低浓度的结晶紫和孔雀绿有抵抗力。

2. 流行特点

家禽中以鸡最敏感，火鸡、鸭、鹅和鸽子也都可患结核病，其他鸟类如麻雀、乌鸦、孔雀和猫头鹰等也曾有结核病的报道，但是一般少见。各品种的不同年龄的家禽都可以感染。因为禽结核病的病程发展缓慢，早期无明显的临床症状，所以，多数在老龄禽中，特别是淘汰、屠宰时才发现。结核病的传染途径主要是经呼吸道和消化道传染。病鸭是主要的传染源，由于本病侵害消化道，因此，大量的禽分枝杆菌通过粪便、排泄物污染土壤、垫草、用具、禽舍以及饲料、水，被健康鸡摄食后，即可发生感染。本病一年四季均可发生，饲养管理不善、环境卫生不良、应激等因素均可促进本病的发展。

3. 临床表现与特征

初期无明显症状。当结核灶发展并扩散后，体内的各个脏器受到侵害，患鸭出现进行性消瘦，精神委顿，不愿活动，脚软，卧地不愿行走，拱背、食欲减少，同群患鸭中，可见少数拉白色的稀粪。有时可听到患鸭的干咳声，晚上干咳声尤为明显。

剖检可见尸体极度消瘦，皮下及腹部脂肪消失。特性性的病变是肝脏肿大，出现点状或粟粒大黄白色结核结节。其他内脏器官也可见到大小不等如粟粒的白色结节。只有当禽分枝杆菌侵入呼吸道时，才会在肺脏出现结核结节（图 1－62）。

图 1－62　肝脏有点状或粟粒大黄白色结核结节

（图片引自陈伯伦《鸭病》）

4. 临床诊断

根据该病典型的临床症状和剖检病变，结合流行病学特点，一般可进行初步诊断。如需确诊，则需通过细菌学试验和结核菌素试验较为切实可靠。取雏鸭病变组织涂片，用革兰染色或抗酸染色，在显微镜下镜检。结核菌素试验诊断鸭结核病时，须先将注射部位的羽毛拔掉，然后将结核菌素注入皮内，接种0.1ml，48小时后加强注射一次。24小时后，用目测或手摸，若注射部位呈现弥漫性的明显肿胀或增厚，则判定为阳性反应，即为禽结核病。

5. 防治

对于禽结核病，采用药物治疗已无实际意义，必须立即采取有效的防治措施，以减少传染。对症状明显的有病禽不作治疗，全部淘汰，作无害处理。禽结核病的预防一般采取隔离、消毒的方法。禽舍及用具彻底用生石灰与漂白粉消毒。对未发病的雏鸭，做到精心管理，加强营养。

十一、伪结核病

伪结核病是由伪结核耶尔森菌引起的家禽和野禽的一种接触性传染病。本病以持续性短暂的急性败血症为特点，随后则呈慢性局灶性经过。病理变化主要以内脏器官，尤其是肝、脾出现类似结核病变的干酪样坏死和结节。

1. 病原

本病的病原为伪结核耶尔森菌，该菌为革兰阴性菌，菌体呈多形性，无荚膜，不形成芽孢。本菌最适生长温度为28~30℃，最适生长pH值为7.2~7.4。伪结核耶尔森菌的抵抗力不强，很易被阳光、干燥、加热或普通消毒药所破坏，对寒冷抵抗力较弱。

2. 流行特点

本病可发生于火鸡、鸭、鹅、鸡、珍珠鸡、伴侣鸟和野生鸟类，多呈散发，尤以幼禽最易感。病禽的排泄物是重要的传染源。本病主要通过消化道、伤口或黏膜进入血液而引起感染。一般情况下，不合理的饲养管理、应激等导致抵抗力降低时，禽类才会更易感染。本病的感染率高达80%，死亡率为50%～80%。

3. 临床症状及特征

根据病程长短分为最急性型、急性型和慢性型三种。

（1）最急性型。最急性型病例往往不表现明显的症状而突然死亡。常常以突发性腹泻和急性败血性变化为特征。发病早期死亡的病鸭仅见肝、脾大及肠炎等病理变化。

（2）急性型。急性型病例较为常见，病鸭精神沉郁，嗜睡，羽毛松乱，暗淡而失去光泽，食欲缺乏或废绝，消瘦衰弱。呼吸困难，常伴有腹泻。病中后期有心包积液，呈淡黄红色。心冠脂肪及心内膜有出血点和出血斑。肝、脾、肺表面有粟粒大小的坏死灶。从卡他性到出血性有肠炎。

（3）慢性型。慢性型病例的病程较长，可达2周以上，病鸭表现为极度虚弱，消瘦，精神沉郁，羽毛暗淡，病程更长者，出现肢体强直，行走困难，嗜睡，最后以极度衰竭而死。

发病早期死亡的病鸭仅见肝、脾大及肠炎等病理变化。病程稍长的病例，其主要病变是肝、脾、肾肿大，有小点出血，表面有粟粒大小的坏死灶或乳白色结节。严重的病例还发生于肺和胸肌中（图1－63至图1－67）。

4. 实验室诊断

根据该病典型的临床症状和剖检病变，结合流行病学特点，一般可进行初步诊断。如需确诊，则需通过细菌分离鉴定等实验室诊断。取病料接种在普通琼脂培养基上，伪结核耶尔森菌可形成光滑或颗粒状、透明灰黄色奶油状菌落；在血琼脂平板上，于22℃经24～36小时，长出表面光滑，不溶血，边缘整齐的菌落；在37℃经24小时，长出表面粗糙，边缘不整齐的菌落。挑取单菌落进行生化特性鉴定。伪结核耶尔森菌可发酵葡萄糖、麦芽糖、果糖、木糖、甘露醇，不产酸不产气；不发酵乳糖、山梨醇、卫矛醇和蔗糖。不液化明胶，不产生吲哚，尿素酶阳性。

5. 防治

目前，没有预防本病的疫苗。要采用加强饲养管理、严格的消毒来预防。对发病的鸭只要及时隔离、淘汰。在发病禽中可用庆大

图1－63　肝脏表面大量黄白色坏死结节

（图片引自：http：//baike. baidu. com）

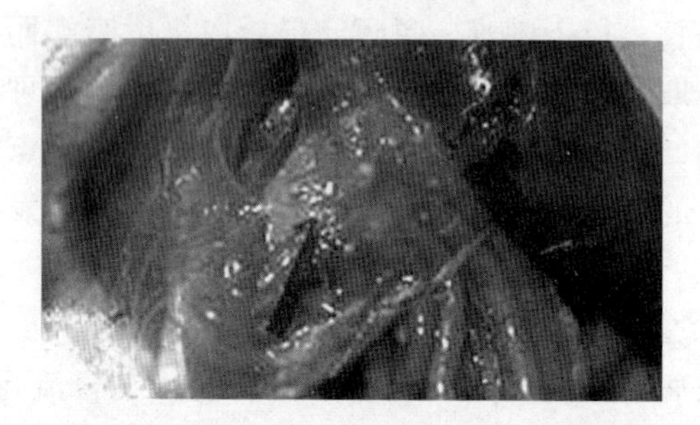

图1－64　气囊壁有黄白色干酪样结节

（图片引自：http：//image. baidu. com/）

霉素、链霉素、磺胺类药物等进行治疗，具体用药量根据使用说明。

图 1－65　肺中有黄白色干酪样结节

（图片引自：http：//image. baidu. com/）

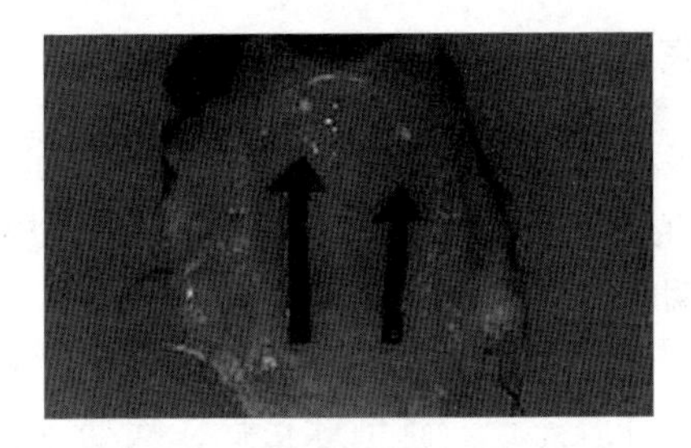

图 1－66　胸腔壁有灰白色结节

（图片引自：http：//image. baidu. com/）

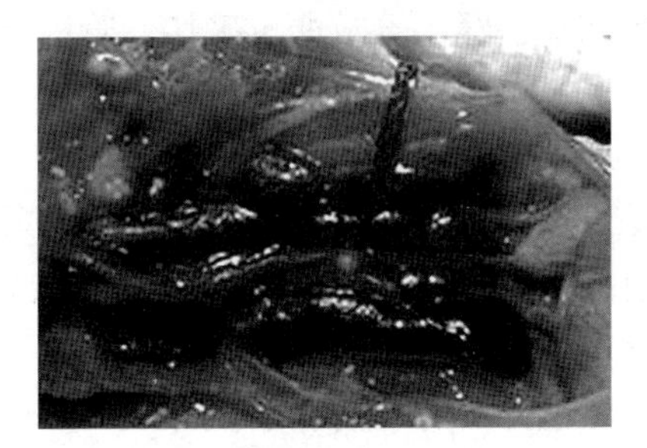

图 1－67　肾脏表面有灰白色结节

（图片引自：http：//image. baidu. com/）

第二章 鸭鹅的常见寄生虫病

第一节 原虫病

一、球虫病

本病是由多种球虫寄生于鹅小肠或肾脏引起的，每年5~9月温暖多雨季节是鹅球虫病的多发季节。一般3周龄至3月龄的鸭鹅易感，初期病鸭鹅活动缓慢，食欲减少，羽毛蓬松，下水时极易浸湿，喜蹲伏，继而发生下痢，粪便常带有血液或血块，沾污肛门羽毛，数日后死亡。肠型球虫病，病变主要在小肠后段，肠管膨大，切开肠管可见大量血液或血块，肠黏膜充血、出血。肾球虫病病变主要在肾脏，肾体积增大，表面有针尖大至谷粒大灰白色或灰黄色病灶，肾小管被严重破坏，管内充满球虫卵囊。

鹅球虫病

鹅球虫病是由球虫引起的。球虫种类很多，国外报道有15种，寄生于肠道的14种（多属于鹅艾美尔球虫），寄生于肾脏的1种（截顶艾美尔球虫），分别属于艾美尔属和泰泽属。引起鹅球虫病的病原体常见的有4种，发病率为90%~100%，死亡率为10%~82%，对养鹅业危害甚大。

1. 病原

我国有下面几种球虫可引起鹅发病：鹅艾美尔球虫、毒害艾美尔球虫、多斑艾美尔球虫、稍小泰泽球虫等。国外还发现仅对鹅致病的肾型球虫，经泄殖腔侵入机体。

2. 流行病学

本病的流行特点：5~8 月为多发季节，发病多见于6 日龄、36 日龄及 73 日龄的鹅。病鹅排出粪便污染牧地、禽舍及水塘，雏鹅在摄食和饮水时，因吃进大量有传染性的球虫卵囊而感染，发病率为 10.7% ~33.4%，死亡率可达 66.3% ~81.2%。鹅群营养成分缺乏（特别是维生素和矿物质）可促使本病爆发。

3. 临床特点与表现

鹅感染球虫病的潜伏期为 6~17 天，急性者 1~2 天内死亡，慢性者延至几天或 2~3 个月。病鹅步态摇摆，羽毛松乱，下水时极易浸湿，精神不佳，喜蹲伏，翅下垂，虚弱。继而口吐白沫，甩头，下痢，粪便中带有黏液或血液，有时带有凝血团块，肛门松弛，四周沾满污物，数日内死亡。肾球虫病病初表现为行动缓慢，行走无力，食欲不佳，虚弱，消瘦，后期食欲废绝，渴感强烈，粪便稀烂，最后衰竭而死。

肠型球虫病病变主要见于小肠后段。急性病例呈严重的出血性、卡他性肠炎。肠管膨大坚实，切开见内容物有大量血凝块或血液，肠黏膜充血、出血，肠壁增厚或糜烂。在回肠及直肠中段肠黏膜可见糠麸样假膜覆盖。肾型球虫病病例在肾表面有灰白或灰黄色粟粒状病斑，肾肿大 3~5 倍，切开肾脏可见切面有轮廓不明显的黄色斑点，肾小管被严重破坏，肾小管内充满球虫卵囊。

4. 临床诊断

诊断本病要根据其流行特点，临床症状及病理变化可做初步诊断。经肠黏膜涂片、组织切片或鹅粪便镜检发现球虫卵囊即可确诊。

5. 防治

鹅球虫病主要通过粪便污染的土地、饲料和用具传染，因此，搞好鹅的饲养管理和鹅舍的环境卫生是预防本病的可靠办法。粪便应每天清除，堆贮发酵，不让其中的卵囊有充分的时间发育成为孢子卵囊。在 26～32℃，较潮湿的环境，是卵囊产生孢子的最佳条件，应注意避免。栏圈、食槽、饮水器等用具也要经常清洗消毒。不同年龄的鹅要分开饲养管理。

治疗本病的药物较多，宜用两种以上的药物交替使用，争取及时用药。否则易产生抗药性，球虫大量繁殖后会破坏肠黏膜，使药物达不到预期效果。对于常发地区的雏鹅，应定期饲喂药物预防。

以下药物供防治时选用：

（1）氯苯胍。每千克饲料中加入 100mg，拌匀后饲喂，连用 10 天。屠宰前 5～7 天停止投药，预防量减半。

（2）氨丙啉。每千克饲料中加入 150～200mg，拌匀后喂给。

（3）磺胺二甲氧嘧啶。以含药物 0.5% 的饲料喂给或以 0.2% 比例饮水服用，连用 3 天，停用 2 天后，再连用 3 天。

（4）呋喃唑酮（痢特灵）。每升饮水中加 100mg，或每千克饲料中加 200mg，必须拌匀，以免发生中毒，连用 7 天。

（5）球痢灵。每千克饲料中加 250mg 混入饲料，连喂 3～5 天，预防时剂量减半。

（6）球虫净。每千克饲料加入 125mg 作预防用，屠宰前 4 天停药。

（7）克球多（可爱丹、氯甲吡啶酚）。每千克饲料中加 250mg，预防量减半。屠宰前 5 天停止用药。

（8）磺胺六甲氧嘧啶。治疗以 0.05%～0.2% 比例添加，预防量以 0.05%～0.1% 比例添加，混于饲料中饲喂，连续 3～7 天。

(9) 广虫灵。每千克饲料中加入100~200mg，拌匀后饲喂，连用5~7天。

鸭球虫病

引起鸭球虫病的球虫种类也很多，主要有3个属，即艾美耳属、温扬属和泰泽属。根据调查，以泰泽属的毁灭泰泽球虫和温扬属的菲莱氏温扬球虫的致病力最强。人工感染大量卵囊时，可引起鸭大批死亡，给养鸭户造成严重的经济损失。

1. 病原

鸭球虫有8个种，属于3个球虫属。在我国被发现报道的有泰泽球虫和菲莱氏温扬球虫。

2. 流行病学

鸭球虫病虽是散发，但却经常发生。本病主要发生在夏天及雨水较多的季节。流行季节为5~11月，以7~9月发病率最高。本病主要感染途径为消化道感染，且各种年龄的鸭均易感。雏鸭发病严重，死亡率高，患病鸭康复以后成为带虫者。北京鸭由于饲养方式不同，其感染情况不一样。如雏鸭出壳后在网上饲养，不接触地面，卫生条件好，一般为阴性。网上饲养的雏鸭于2~3周转为地面饲养时，常严重发病。在地面饲养的雏鸭，有的于12日龄发病死亡，4周龄的鸭感染时，发病率较低。据统计，4~6周龄的感染率常为100%，育肥鸭（9周龄）感染率低，约为10%。

3. 临床特点与表现

急性鸭球虫病多发生于2~3周龄雏鸭，表现为精神委靡，缩颈呆立或卧地不起。喜欢饮水、少食，重症者不食。体温无明显变化，排水样暗黑色粪便，有时可见黑色或灰白色的黏液状物质，或粪中带血。发病当日或第二、第三大出现死亡，死亡率高达80%以上，一般为20%~72%，能耐过急性期的病鸭多于发病的第四天逐渐恢复食欲，死亡停止，但病鸭生长发育受阻，增重缓慢。

本病剖检病变主要在小肠，轻者小肠内容物半透明，淡黄色胶冻样，重者为紫红色黏液粪便。肠黏膜发红，肿胀，有针尖大出血点，偶见直肠黏膜红肿。整个小肠呈泛发性出血性炎症，尤以卵黄蒂前2~3cm、后7~9cm范围内的病变严重，内容物为胶冻状黏液，肠绒毛上皮细胞大量脱落。镜检时，粪便中有大量肠绒毛上皮细胞及暗红色团块。粪便经水洗、沉淀、漂浮，于400倍显微镜下检查，可发现大量虫卵。本病应与鸭出血性败血症相区别，病鸭拉灰白色或黑灰色稀粪，也见有血痢，逐渐衰弱，病程4~5天死亡，而鸭出血性败血症常突然发病，急性者1~2天死亡，肝脏有灰白色粟粒大的坏死点，心外膜冠状沟处有针尖大的出血点，这些病理变化是球虫病所不具有的（图2-1）。

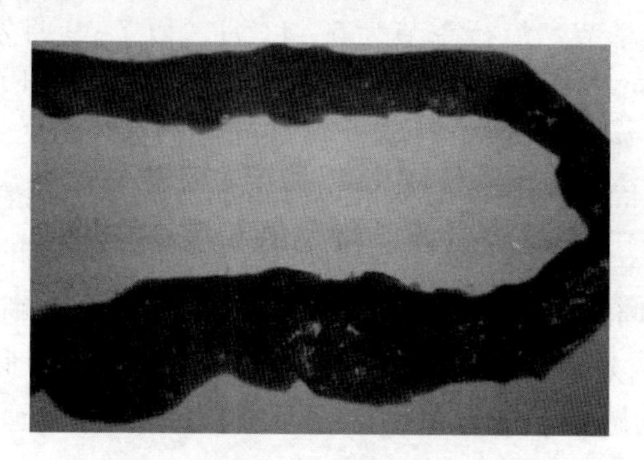

图2-1　肠道中充满红色内容物

（图片引自 http：//www. tccxfw. com）

4. 临床诊断

本病根据剖检特点结合卵囊检查加以诊断。本病表现突然下痢，粪带血，剖检呈出血性肠炎，肠黏膜刮取物见有裂殖体、裂殖子，若在鸭粪中检查到卵囊即可确诊。

5. 防治

治疗鸭球虫的药物很多，应轮换使用，以免产生抗药性。同时要配合搞好清洁卫生工作，如泥土地面最好改成三合土或水泥斜面使地面不积水。水槽最好是竹筒式活水槽，每周用热碱水消毒，防止被鸭脚污染。饲料槽用吊钟式，防止饲料被鸭脚污染。勤换垫草，发现病鸭立即隔离。

除参考鹅球虫的防治办法外，选用以下药物疗效较好。

（1）复方新诺明。按饲料量的 0.1% 混入饲料中，连喂 1 周。

（2）磺胺六甲氧嘧啶。按饲料量的 0.1% 混入饲料中喂给，疗效显著。

（3）磺胺二甲基嘧啶与二甲氧苄氨嘧啶。按 5：1 混合后，以 0.4% ~0.5% 加入饲料中，连喂 3 ~4 天。

（4）氨丙啉（安宝乐）。按饲料量的 0.025% 混入饲料中喂给，连用 3 ~ 5 天，疗效显著。同时，常山酮（速丹），以 0.000 6% 比例添加饲料，连用 3 ~5 天。

（5）三字球虫粉（磺胺氯吡嗪钠）。饮水按 0.1% 浓度，混料按 0.2% 比例，连用 3 天。

（6）氯苯胍。按 0.003% 的比例拌匀于饲料中喂给。

（7）磺胺脒。按 0.5% ~1.5% 的比例加入饲料中，连喂 3 ~ 10 天。

（8）大蒜、马齿苋。分别占饲料总量的 1%、3%，捻成泥拌入饲料中，连喂 7 天。

（9）广虫灵，按 0.05% 混合于饲料中，连喂 5 天。

二、隐孢子虫病

鸭鹅隐孢子虫病是由隐孢子虫寄生在胃肠道、呼吸道、泌尿道和法氏囊等的黏膜上皮细胞表面所引起。以往曾认为本病不常发生，危害性不大，但近年越来越多的调查研究表明，本病已广泛流行，对养禽业造成一定的危害，而且一些隐孢子虫种可引起人兽共患，从而危及人类健康。

1. 病原

禽类隐孢子虫病的病原一般是贝氏隐孢子虫，感染途径一般是由卵囊或卵囊污染物经口吞入或由鼻吸入。

2. 流行病学

本病一年四季均可发生，但以温暖多雨的季节多发。饲养密度大、通风不良、饲养管理不善或环境卫生较差的鸭鹅饲养场，隐孢子虫感染率明显增高。贝氏隐孢子虫只感染雏鸭鹅，成年鸭鹅感染后一般不呈现明显症状而成为带虫者。

3. 临床特点与表现

隐孢子虫可寄生在鸭鹅的呼吸道、消化道、法氏囊、眼、肾等组织器官的上皮细胞表面，既可以感染单一器官，也可以多个器官同时感染，并引发相应的症状及病变。呼吸道受感染时，患禽常表现精神沉郁，呼吸困难，并有呼吸啰音，食欲、饮欲减退或废绝，闭目嗜睡，腹泻如水，体重减轻，生长发育受阻，死亡率增加。

剖检可见鼻道、支气管有多量黏液性渗出物，喉头肿，肺出现灰红色斑块、气囊混浊。消化道感染时，常见消瘦、嗜睡、羽毛松乱和下痢等症状，剖检可见小肠积液和充气，肠道黏膜充血。其他器官感染时，也会表现出相应的变化，如法氏囊表现为囊内积液、黏膜出血和萎缩变化；眼则表现为流泪、结膜水肿等；肾则苍白及肿大，肾小管上皮细胞变性和坏死。

4. 临床诊断

隐孢子虫病感染多呈隐性经过，感染者只向外界排出卵囊，而不表现出任何临床症状，故不能用以确诊。另外，由于动物在发病时常伴有许多条件性病原体的感染，因此，确切的诊断只能依靠实验室手段观察隐孢子虫的各个虫期虫体，或采用免疫学技术检测抗原或抗体的存在。

（1）生前诊断。隐孢子虫病的病原诊断主要从患禽粪便、呕吐物中查找卵囊，从粪便或呼吸道排出的黏液收集虫卵。用饱和蔗糖水漂浮法或甲醛—乙酸乙酯沉淀法收集粪便中的卵囊，再用显微镜检查。隐孢子虫在饱和蔗糖溶液中往往呈玫瑰红色。

（2）死后诊断。在尸体剖检时可刮取消化道（特别是禽的泄殖腔）或呼吸道黏膜分泌物，做成涂片，用姬姆萨氏液染色，虫体胞浆呈蓝色，内含数个致密的红色颗粒。最佳的染色方法是萋尼氏染色法，在绿色背景上可观察到大量的红色虫体，呈圆形或椭圆形，大小为 2 ~ 5μm。其他方法有金胺—酚染色法、沙黄—美蓝染色法、金胺—酚改良抗酸复染法。

免疫法和分子生物学技术在隐孢子虫病临床诊中也有一定的作用。如免疫荧光试验、抗原捕获 ELISA 及聚合酶链式反应（PCR）已成为实验室诊断的常规技术。血清学检测技术有一定的价值，这是因为许多健康动物有抗隐孢子虫抗体，对可疑病例，也可采用感染试验动物加以确诊。

5. 防治

隐孢子虫感染是因为摄入卵囊，因此，针对减少或预防卵囊的传播是控制该病的有效措施。隐孢子虫卵囊对外界环境、绝大多数消毒剂和防腐剂有明显的抵抗力。绝大多数常规水处理方法不能有效除去或杀死所有的卵囊。卵囊可以在恶劣的环境中散播，并存活较长时间。控制动物群的感染，目前，最好的策略就是动物转移到清洁的环境。

目前，隐孢子虫病的治疗尚无理想的药物。曾有人试用最新的一些高效抗球虫药如杀球灵和马杜拉霉素等进行治疗，但效果都不好。因此，目前，只能从加强卫生措施和提高免疫力来控制本病的发生，尚无可值得推荐的预防方案。

三、组织滴虫病

组织滴虫病又叫盲肠肝炎或黑头病，是由单尾组织滴虫寄生于禽类盲肠和肝脏引起的疾病，主要感染鸡和火鸡，孔雀、珍珠鸡、鹌鹑、鸭等。本病的主要特征是盲肠发炎和肝脏表面产生特征性的坏死溃疡病灶。

1. 病原

火鸡组织滴虫为多行性虫体，在盲肠腔和培养基中虫体是一种鞭毛虫，而在其他组织内没有鞭毛。

2. 临床特点与表现

本病的潜伏期为7～21天，最短5天，通常为11天。主要症状是精神沉郁，翅膀下垂。病初食欲减少，不喜运动，经常缩颈呆立，频闭双眼，伏地嗜睡，排黄色稀便，3～4天后多数消瘦，死亡率较高。

剖检病变主要限于盲肠和肝脏，通常引起盲肠炎和肝炎，其他脏器无异常。盲肠呈双侧或单侧肿大，盲肠壁增厚和充血，渗出的浆液性和出血性渗出物充满盲肠腔，使肠壁扩张，渗出物常发生干酪化，形成干酪样的盲肠肠芯。肠芯横断面中央为黑色的凝血块，周围为干酪样坏死物，呈同心圆排列。急性病例见单侧盲肠呈出血性肠炎变化。肝脏肿大，表面出现黄色或黄绿色、局限性圆形或不规则形、中央凹陷边缘稍隆起的坏死性病灶。病灶明显易见，直径可达1cm，可单独存在，亦可相互融合成片状（图2－2）。

3. 临床诊断

本病的诊断主要根据流行病学特征和病理变化，特别是肝脏的特征性病变，再结合观察盲肠病变，即可作出确诊。

4. 防治

定期驱虫是防治本病的根本措施。加强饲养管理，成年家禽

图 2－2　肝脏表面密布略呈圆形的凹陷病灶

（图片引自 http：//image. baidu. com）

和幼年家禽要分开饲养。呋喃唑酮和灭滴灵是治疗鸭鹅组织滴虫病比较好的药物。选用下列治疗方案效果较好。

（1）呋喃唑酮。以 0. 04% 的比例加入饲料后混匀饲喂，连用 7 天。

（2）灭滴灵。150mg/只/天，分 2 次内服，连用 7 天。

第二节　绦虫病

膜壳绦虫病

禽膜壳绦虫病是由膜壳科、膜壳属的膜壳绦虫寄生于陆栖禽类和水禽类的小肠中而引起的寄生虫病。禽膜壳绦虫种类繁多，分布广泛，在我国各地区已知的禽类膜壳绦虫达 20 多种。本病严重侵害 2 周龄至 4 月龄的雏禽，温带地区多在春末与夏季发病。

1. *病原*

水禽类膜壳绦虫的代表是冠状膜壳绦虫，寄生于鸭、鹅和其他水禽的小肠中，成虫长 3～8cm，宽 0.25～0.3cm。顶突有 20～26 个小钩，排成一圈，呈冠状，吸盘上无钩，睾丸排列成等腰三角形。

2. 流行病学

中间宿主为剑水蚤。此外淡水螺可作为某些膜壳绦虫的保虫宿主。鸭或鹅吞食了感染的剑水蚤或保虫螺易受感染，在肠内发育为成熟的绦虫。本病严重侵害 2 周龄至 4 月龄的雏禽，温带地区多在春末与夏季发病。

3. 临床特点与表现

感染严重时，雏禽表现明显的全身症状，成年鸭、鹅也可感染，但症状一般较轻。病禽早期出现消化机能障碍，排出灰白色稀薄粪便，混有白色绦虫节片，食欲减退。到后期完全不吃，烦渴，生长停滞，消瘦，精神萎靡，不喜活动，离群独居，腿无力，向后面坐倒或突然向一侧跌倒，不能站立，一般在发病后的 1～5 天死亡。当大量虫体聚集在肠内时，可引起肠管阻塞；虫体代谢产物被吸收时，可出现痉挛，精神沉郁，贫血与渐进性麻痹症状而死亡。

剖检时可见小肠发生卡他性炎症与黏膜出血，其他浆膜组织也常见有大小不一的出血点，心外膜上更显著（图 2－3、图 2－4）。

4. 临床诊断

本病可根据临床表现和病变特点进行判断。生前诊断可从被检鸭粪便中是否发现绦虫的节片来判断.

5. 防治

随着养禽业的大发展，新品种的不断引进，一些疾病也随之而入。水禽的绦虫病危害很大，尤以沼泽地区更为严重，应当引起人们的注意，要及时诊断，并采取综合性防治措施以达到对该病的控制和扑灭。另外，应尽量不在死水池塘放养水禽，以免与

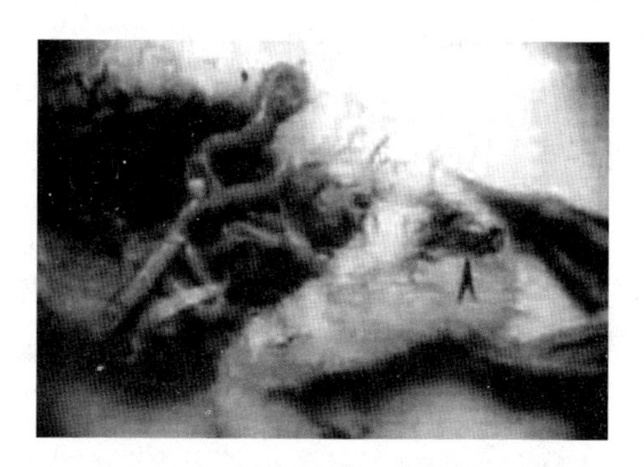

图 2-3　病鹅出现绿色稀薄粪便，肛门四周羽毛污染

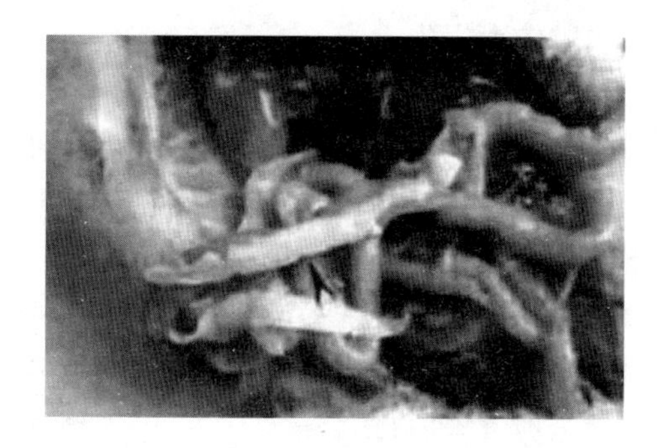

图 2-4　病鹅肠道塞满白色绦虫

（图片引自张秀美《鸭鹅常见病快速诊疗图谱》）

剑水蚤接触。经常检查，对感染绦虫的鸭、鹅群，应有计划地进行驱虫，以防止散播病原。幼雏与成年水禽应分开饲养、放养。

治疗可采用以下方案。

（1）硫双二氯酚，剂量为 200mg/kg 体重，逐只投服，驱虫率可达 100%，可使鸭绦虫感染率与感染强度大大下降。

（2）丙硫苯咪唑。剂量为 20mg/kg 体重，逐只投服，驱虫率可达 100%；应用治疗量混料喂服，大群驱虫时，也可获得 100% 的驱虫效果。

（3）鹅绦虫病用吡喹酮。10mg/kg 体重，灭绦灵 60mg/kg 体重，硫双二氯酚 200mg/kg 体重，丙硫苯咪唑 40mg/kg 体重，分别用少量面粉加水拌和，然后按剂量称取药面，做成丸剂，填塞入鹅的咽部，丙硫苯咪唑以片剂投服为宜，驱虫效果可达 98% ~100%。

第三节　棘头虫病

鸭的棘头虫病是由鸭细颈棘头虫、大多形棘头虫和小多形棘头虫寄生于鸭的小肠所引起的寄生虫病。本病可引起鸭尤其是幼鸭大批死亡，造成较大损失。

1. 病原

本病的病原主要是鸭细颈棘头虫、大多形棘头虫和小多形棘头虫。

2. 流行特点

鸭细颈棘头虫的中间宿主是等足类的栉永虱。鸭细颈棘头虫在栉水虱体内，由棘头蚴发育为棘头囊，在鸭体内由棘头囊发育为成虫。该病常呈地方性流行。

大多形棘头虫的中间宿主是甲壳纲、端足目的湖沼钩虾。虫卵随粪便排出外界环境，被中间宿主吞食，孵化出棘头蚴，发育成椭圆形的棘头体，被一厚膜包围，游离于宿主体腔内。以后进一步发育为卵圆形有感染性棘头囊。再发育为感染性幼虫。鸭只吞食了含有感染性幼虫的钩虾后，幼虫在鸭的消化道中从钩虾体内逸出，附着在小肠壁，发育成为成虫并产卵。大多形棘头虫的卵对外界环境的抵抗力很强，在干燥的环境中容易死亡。

3. 临床特点与病理变化

成年鸭感染后临诊症状不明显。幼鸭严重感染时，精神沉郁，食欲减少或废绝。下痢，粪便常带血，患鸭体重下降或生长发育迟缓。当棘头蛊固着部位的肠黏膜发生溃疡、脓肿或穿孔而引起继发性细菌感染时，病情加剧，甚至导致死亡。

当棘头虫体用其前端吻突和吻钩刺入鸭只肠壁肌层而穿过浆貘层时，可以造成肠穿孔，使局部组织受到损伤，从而继发腹膜炎。有时可从肠管的浆膜上看到突出黄白色的小结节，肠黏膜有大量的虫体：肠黏膜发炎或化脓，有出血点或出血斑，虫体固着部位出现不同程度的创伤。

4. 诊断

本病主要根据临床表现和病变特点进行判断，通过病原学确诊。

5. 防治

成年鸭为带虫传播者，应将幼鸭与成鸭分开饲养，分开水域放养。在本病的流行区域，应经常对成鸭和幼鸭进行预防性驱虫。在驱虫10天后，把成鸭和幼鸭分别转入不同的安全池塘饲养。防止棘头虫虫卵落入水中，尽可能消灭中间宿主。加强粪便处理工作和饲养管理。

治疗可选用硝硫氰醚、四氯化碳、丙硫苯眯唑、二氯酚等进行饮水或饲喂。

第四节　吸虫病

一、前殖吸虫病

鸭的前殖吸虫病是前殖科的前殖吸虫寄生于鸭或其他禽类的输卵管、法氏囊、泄殖腔及直肠等引起的疾病，本病在我国分布较广。

1. 病原

鸭的前殖吸虫较为常见的有楔形前殖吸虫、家鸭前殖吸虫、透明前殖吸虫和卡罗前殖吸虫。

2. 流行特点

前殖吸虫的发育需要两个中间宿主：第一中间宿主为淡水螺，第二中间宿主为蜻蜓。虫体寄生在鸭的直肠、输卵管、法氏囊和泄殖腔内，所产的虫卵随着鸭的粪便一同排到体外，落入水中。被第一中间宿主淡水螺吞食后，孵出毛蚴，毛蚴钻入螺的肝脏发育成胞蚴，胞蚴形成尾蚴，尾蚴离开螺体，在水中又钻入第二中间宿主蜻蜓的幼虫和稚虫，被其吸入肛门孔中，在肌肉中变为囊蚴。当蜻蜓的稚虫过冬或变为成虫时，这些囊蚴在蜻蜓稚虫或成虫体内都保持有生活力。当鸭吞食含有囊蚴的蜻蜓稚虫时即遭感染。囊蚴一旦经过消化道，发育成为童虫，最后从泄殖腔进入输卵管或腔上囊，发育为成虫。

前殖吸虫病多为地方性流行，其流行季节与蜻蜓出现的季节有关。每年 5 ~ 6 月为蜻蜓活动盛期，故本病多发生在每年的 5 ~ 6 月。温暖和潮湿的气候可以促使本病的散播。

3. 临床特征与病理变化

前殖吸虫病的临诊症状，可分为 3 个阶段。

第一阶段：患鸭外表无明显症状，母鸭开始产薄壳蛋或软壳蛋或畸形蛋；随后产蛋率下降，有时仅排出卵黄或少量蛋清，这一阶段持续约 1 个月。

第二阶段：患鸭出现明显的临床症状，精神沉郁，食欲减退毛松乱，腹部膨大，下垂，步态蹒跚，两脚炙开，从泄殖腔排出卵壳碎片流出石灰质、蛋白质等半液体物质。这阶段持续 1 周左右。

第三阶段：患鸭体温升高，渴感增强，腹部压痛，泄殖腔突出，肛门四周潮红，泄殖腔及腹部的羽毛脱落，四周黏满污物。若继发腹膜炎时，则呈企鹅步行姿态，患鸭经 2 ~ 3 天或经 1 周左右死亡。

由于前殖吸虫主要寄生于输卵管等处，因此输卵管黏膜严重充血，在黏膜表面可发现虫体。有些病例输卵管炎症加剧；严重时有可能出现破裂，导致卵子、蛋白质或石灰质落人腹腔，发生卵黄性腹膜炎而死亡。有些病例由于输卵管穿孔，在腹腔中可见到软壳蛋或完整的有壳蛋，或外形皱缩、大小不一、内容物变质、变性和变色的卵泡。

4. 诊断

对本病的确诊是剖检找出虫体进行实验室诊断。

5. 防治

在不安全鸭群中，每 3 个月普查一次，发现患鸭，立即进行驱虫。预防性驱虫可用丙琉苯咪唑，按每千克体重 10mg，每半月进一次。鸭舍及运动场每天打扫粪便，并将其堆放固定场所进行生物热除虫。消灭前殖吸虫的第一中间宿主淡水螺蛳，可用化学药物，如 1∶5 000的硫酸铜。如果在蜻蜓出现的季节，避免在早晨、傍晚和下雨之后在水域放牧。

可以选用以下药物治疗。

（1）四氯化碳。其剂量是：2～3 月的鸭用 1.2ml，成年鸭 2～4ml，间隔 5～7 天，再投药一次。在治疗时，要检查患鸭的体质和大小，根据不同情况，适当增减药物的剂量。病重的（特别是有腹膜炎或卵黄性腹膜炎）患鸭则难以治愈（也无治疗价值），鸭只在服用四氯化碳后 18～20 小时，便发现有虫体排出，可延续排虫 3～5 天，多数虫体可崩解。因此，治疗必须把患鸭关在固定场所内 3～5 天，病鸭排出的粪便应及时收集起来进行生物热处理。同时，改善饲养管理，增加营养，促进患鸭康复。

（2）六氯乙烷。每只鸭 0.2～0.5g，混在饲料或以米粉制成的小丸投给，每天 1 次，连用 3 天。服用六氯乙烷的注意事项与上述四氯化碳相同。

（3）硫双二氯酚。按每千克体重用200mg均匀拌料，一次喂饲。

（4）吡喹酮。按每千克体重用60mg，均匀拌料饲喂，一次喂服，连用2天。

（5）丙硫苯眯唑。按每千克体重用100～120mg均匀拌料饲喂，一次喂服。

二、后睾吸虫病

鸭的后睾吸虫病是由后睾科的后睾吸虫寄生于鸭的胆管和胆囊引起的疾病。

1. 病原

本病的病原是后睾吸虫，虫体主要寄生在鸭的胆管和胆囊。

2. 流行特点

后睾吸虫有两个中间宿主，第一中间宿主为螺。第二中间宿主为麦穗鱼和爬虎鱼。虫卵未宿主鸭的粪便排入水域中，被螺吞食，卵中的毛蚴在其体内孵出，进一步发育为胞蚴、雷蚴和尾蚴。尾蚴在水中游动，一旦钻入鱼的体内成囊蚴，鸭吞食了含有成熟囊蚴的鱼则受到感染。

3. 临床特点和病理变化

病鸭表现为消瘦、贫血、无力和发育受阻。严重患鸭拉出草绿色或灰白色的稀粪，并出现黄疸，如眼结膜发黄和分泌物增加。呼吸困难，最后以衰竭死亡而告终。幼鸭生长受阻，母鸭产蛋量下降。

病理变化是肝大，呈橙黄色，变硬，可见白色斑点。胆囊肿大，胆囊壁增厚，上皮细胞增生，胆汁减少，肝大、硬化。

4. 诊断

确诊需病原学检查。

5. 防治

由于中间宿主经常夹杂在浮萍、水草中，因此，应选择干净的浮萍和水草作饲草。也可用化学药物杀灭中间宿主。在本病流行地区应采取综合措施进行防治。定期驱虫，及时清扫粪便，并集中进行生物热处理，以切断传播的环节，杜绝病原的扩散。

治疗可用以下药物。

（1）丙硫苯咪唑。每千克体重100～120mg，一次口服。

（2）硫双二氯酚。按每千克体重20～30mg，一次口服。

（3）吡喹酮。按每千克体重10～20mg，一次口服。

（4）硝柳胺。按每千克体重用50～60mg，均匀拌料喂饲。

三、棘口吸虫病

棘口吸虫病是由棘口科的多种棘口吸虫寄生于鸭的小肠、盲肠、直肠和泄殖腔而引起的疾病。棘口吸虫在我国各地普遍流行，对养鸭带来极大的危害。

1. 病原

本病的病原主要是卷棘口吸虫，除此之外，还有宫川棘口吸虫、接睾棘口吸虫、强壮棘口吸虫等十多种。

2. 流行特点

以卷棘口吸虫为例，其中间宿主是淡水螺（椎实螺、扁卷螺）。以鱼类和青蛙幼虫蝌蚪为补充宿主。成虫在鸭的盲肠和直肠中产卵，虫卵随粪便落入水中，孵出毛蚴。毛蚴进入第一宿主后发育为胞蚴、母雷蚴、子雷蚴、尾蚴。发育成熟的尾蚴自螺体逸出后，钻入第二宿主（田螺及蝌蚪）体内发育为囊蚴。鸭吞食了含有囊蚴的第二中间宿主而受感染。囊蚴进入鸭的消化道后，囊壁被消化液溶解，童虫脱囊而出，吸附在肠壁上，发育为成虫。鸭只在任何季节均可受到感染。在有中间宿主存在的地域，以6～8月为感染的高峰期。

3. 临床特点和病理变化

本病对幼鸭为害较为严重，当严重感染时，由于虫体的机械刺激和毒素作用，可引起鸭只黏膜的损伤和出血，盲肠和直肠出现出血性炎症。患鸭表现食欲缺乏，消化不良，下痢，粪便中带有黏液和血丝。贫血，消瘦。生长发育受阻，最后由于极度衰竭而死亡。成年鸭体重下降，母鸭产蛋减少。

剖检可见鸭盲肠、直肠和渣殖腔呈现出血性炎症，黏膜出现点状出血，并在黏膜上附着大量的虫体。肠内容物充满黏液。

4. 诊断

本病确诊需剖检找出虫体。

5. 防治

在放养雏鸭的池塘，应经常杀灭中间宿主，尽量做到不喂含有囊蚴的水草等。对饲喂的环境、用具等要经常消毒。对鸭群要定期驱虫，可用丙硫咪唑，按每千克体重 10mg，每半月驱虫一次。

治疗可选择一下药物治疗。槟榔片或槟榔粉，四氯化碳，硫双二氯酚，丙硫苯眯唑，氯硝柳胺等按说明饲喂。

四、鸭血吸虫病

鸭的包氏毛毕吸虫病（又名鸭血吸虫病）是由分体科的毛毕属的各种吸虫寄生于鸭的肝门静脉和肠系膜静脉内引起的疾病。鸭血吸虫能感染人，引发公共卫生安全问题。

1. 病原

本病的病原是分体科的鸟毕属和毛豢属的包氏毛毕吸虫、横川毛毕吸虫和集安毛毕吸虫，主要是包氏毛毕吸虫。

2. 流行特点

鸭血吸虫的中间宿主是椎实螺。鸭血吸虫的虫卵随鸭粪排入水中，孵出毛蚴钻入螺体，在螺体内发育经母胞蚴、子胞蚴和尾蚴各阶段。成熟的尾蚴离开螺体，游入水中，遇到鸭只时，即钻入其皮肤，经血液循环至肝门静脉和肠系膜静脉内发育为成虫。从尾蚴钻入皮肤至发育为成虫共需3周。当人下水劳动时，尾蚴即侵入人的皮肤，并停留在皮下，引起稻田皮炎。其症状是手足发痒，并出现红色丘疹、红斑和水疱。

3. 临床特点和病理变化

严重感染韵鸭表现消瘦、贫血、发育受阻等一系列症状。

虫体在患鸭的门静脉和肠系膜静脉内产卵，随着血液在肠壁的微血管内堆集虫卵。虫卵以其一端伸向肠腔，或穿过肠黏膜，引起黏膜发炎。严重感染的患鸭，其肝、胰、肾、肠壁和肺均能发现虫体和虫卵，肠壁上有小结节，从而影响消

化管的吸收功能。

4. 诊断

本病确诊需剖检找出虫体。

5. 防治

本病的预防着重手捕螺除害。在疫区可结合农业生产施放农药或化肥（如氨水、氯化铵）等灭螺。疫区内鸭群应尽量避免到水沟或稻田放养鸭子，以免传播本病。疫区鸭只的粪便应堆积发酵作无害处理。集约化养鸭场本病较少发生，但也应防止中间宿主的传入。

在疫区下田劳作的人，可以用松香精擦剂与脲醛树脂黏合剂涂擦手足部，有效期可达4小时以上，效果达90%。

可用氨水、五氯酚钠等灭螺。

治疗方法报道极少，可试用吡喹酮，按每千克体重60～90mg，每日一次，口服，连用3天。

五、鸭嗜眼吸虫病

鸭嗜眼吸虫病是由嗜眼科的鸭嗜眼吸虫寄生于鸭的眼结膜囊

及瞬膜下所引起的疾病。本病在我国水禽养殖地广泛流行，感染率很高。

1. 病原

本病的病原是嗜眼科、嗜眼属的嗜眼吸虫，本属的典型代表是涉禽嗜眼吸虫。

2. 流行特点

寄生在眼结膜的嗜眼吸虫所产的卵，随眼分泌物排到外界，遇水即孵出毛蚴。毛蚴遇到中间宿主螺蛳时，钻入螺体内继续发育并释放出母雷蚴。母雷蚴进入螺蛳的心脏，并在此发育形成第二代雷蚴（子雷蚴）。子雷蚴发育为尾蚴，从心脏移动到消化腺。从母雷蚴发育到尾蚴约需 3 个月。尾蚴从螺体内逸出后可在任何固体的物体上形成囊蚴。当含有囊蚴的螺蛳被鸭吞食后即被感染。囊蚴在鸭的口腔和会管膨大部内脱囊逸出，幼龄吸虫在 5 天内即从鼻泪管移行到眼结膜囊或瞬 1 膜，在此大约经 1 个月后发育为成虫。

中间宿主瘤拟黑螺感染率的高低与气候季节有着密切的联系。1 ~ 3 月的感染率最低，4 ~ 6 月的感染率逐渐升高，7 ~ 9 月为最高峰，10 ~ 12 月又下降。

3. 临床特点和病理变化

由于虫体有比较大的吸盘，强力吸附眼结膜，引起结膜发炎。患鸭初期怕光流泪，眼结膜充血，并出现小点出血或糜烂，或流出带有血液的泪液，眼睑水肿，两眼紧闭。重症患鸭角膜混浊，溃疡，并有黄色块状坏死物突出于眼睑之外，甚至形成脓性溃疡。患病鸭大多数呈现单侧性眼疾，患鸭初期食欲减退，常摇头，弯颈，用爪搔眼。严重者引起双目失明，难以进食。此时患鸭逐渐消瘦，最后导致死亡。成年鸭患病后症状较轻，主要呈现结膜—角膜炎，消瘦，母鸭的产蛋量下降。

剖检内脏器官无变化，可见眼内结膜囊瞬膜处有虫体附着。

4. 诊断

本病确诊主要以病鸭的眼结膜炎—角膜炎等临床特征，结合剖检找出虫体为依据。

5. 防治

在有本病发生的养鸭区，应尽量做好杀灭瘤拟黑螺等螺蛳，消灭传播媒介，杜绝病原散播。

有嗜眼吸虫寄生的鸭只，用镊子于寄生部位仔细将虫体取出，然后用2%硼酸水冲洗眼睛。

用75%～100%酒精滴眼驱虫。由于酒精的刺激，鸭会出现暂时性的充血，不久即可恢复。或在驱虫后用氯霉素或红霉素或金霉素滴眼。

六、船形嗜气管吸虫病

鸭的嗜气管吸虫病是由船形嗜气管吸虫寄生于鸭的气管、支气管、咽、气囊及眶下窦所引起的疫病。

1. 病原

本病的病原是环肠科嗜气管属的船形嗜气管吸虫。

2. 流行病学

船形嗜气管吸虫寄生于鸭的气管、支气管、气囊和眶下窦内。成虫在气管产卵，卵与痰液随食物团块被吞进消化管而随粪便一同排出体外。在外界环境中，毛蚴很快从卵逸出并进入中间宿主螺蛳体内，发育成尾蚴。最后形成囊蚴。鸭吞食了含有囊蚴的螺蛳之后受到感染。囊蚴脱囊而出，经过肠壁，随着血液流入肺，从肺再进入气管寄生，经2～3个月发育为成虫。

3. 临床症状和病理变化

轻度感染时，对器官的损伤较轻，症状不明显。严重感染时，大量虫体寄生于鸭的气管及支气管，由于虫体较大，则可形成不同程度的机械性阻塞，或由于虫体的刺激，使黏膜分泌出大量的炎症渗出物，造成患鸭呼吸困难。多数病鸭突然发病，精神沉郁，食欲减退或完全废绝，呈现进行性消瘦，贫血，生长发育缓慢。患鸭的死亡多数是由于虫体移行到气管上端，阻塞呼吸道，从而导致鸭只窒息而突然死亡。

剖检可在气管发现虫体，在虫体附着的气管黏膜出现出血性炎症。呼吸道黏膜表面附有渗出物，咽至肺部的细支气管黏膜充血、出血。重症者可见有不同程度的肺炎变化。

4. 诊断

本病确诊需通过剖检找到虫体或虫卵。

5. 防治

在鸭场清除螺蛳，可采用开沟排水，改良土壤。有条件可以用1：5 000的硫酸铜溶液对水池或水塘进行灭螺。

定期驱虫，用丙硫苯咪唑，按每千克体重 10mg，每半个月进行一次预防性驱虫。

治疗可用1：1 000～1 500的碘溶液或5%水杨酸钠溶液，由鸭的声门裂处注入0.5～2ml（幼鸭）或1.5～2ml（成鸭）。间隔2天后再注射一次，效果较好。

硫双二氯酚，按每千克体重用150～200mg，均匀拌料饲喂。

丙硫苯咪唑，按每千克体重用10～25mg，均匀拌料喂服。

第五节　线虫病

一、鸟蛇线虫病（丝虫病）

鸭的鸟蛇线病又名鸭鸟龙线虫病、鸭腮丝虫病和鸭龙线虫病。本病主要由台湾鸟蛇线虫和四川鸟蛇线虫寄生于幼鸭的颌下和后肢的皮下结缔组织，所引起的瘤样肿胀为特征性的线虫病。本病多发生于雏鸭，甚至可引起大群雏鸭发病，严重可造成大批死亡。

1. 病原

本病病原为台湾鸟蛇线虫和四川鸟蛇线虫。

2. 流行特点

鸟蛇线虫的中间宿主是水蚤和剑水蚤。本病主要侵害3～8周龄的幼鸭。成虫寄生于鸭的皮下结缔组织中，缠绕成线团。虫体寄生部位的皮肤逐渐变薄，被雌虫的头穿破，大量的幼虫流出，被剑水蚤吞食，并在其体内发育为有感染性的幼虫。当鸭只吃进含有感染性幼虫的剑水蚤后而受感染。这种剑水蚤在鸭肠管中被消化溶解，幼虫自剑水蚤体内逸出，进入鸭的肠腔，随血流到达腮、咽喉部、眼周围和腿部等处的皮下，尤其在下颌部发育为成虫。成年鸭不易发病。

3. 临床特点和病理变化

本病的潜伏期多为17天，也有报道为18～39天。雏鸭患病初期，在虫体的寄生部位颌、眼睑、颊、颈部、咽、食管膨大部、泄殖周围、翅基部及腿等处长出豆粒大、小指头大、拇指头大圆形瘤样结节，并逐渐增大。所形成的结节初期较硬，随着病的发展逐步变软。由于虫体寄生的部位不同，患鸭所表现症状也各异。若寄生于喉咽部及颌下等处，则压迫咽喉、气管、食管及周围的神经和血管，导致鸭呼吸和吞咽困难，频频摇头，伸颈张口。若寄生于眼的周围，则压迫双颊及下眼睑，导致结膜外翻，甚至失明。若寄生于腿，导致患鸭运动障碍，出现跛行，甚至难以站行走。若寄生于泄殖腔，则导致排粪困难。

结节肿胀患部呈青紫色，用刀切开，见流出凝固不全的稀薄血液和白色液体。取这种液体镜检可见大量幼虫。

4. 防治

加强对雏鸭饲养管理，避免因中间宿主滋生而使雏鸭重复受到感染。在本病流行季节，必须选择到安全的稻田、河沟等处放养雏鸭。在受到中间宿主及病原污染的场所，可撒布石灰或按每升水含0.1～1μL浓度的敌百虫杀灭剑水蚤及幼虫。对患病的雏鸭应坚持早期（在虫体成熟前）治疗。这样既能早期阻止病情的发展，又能防止病原的散播，减少对环境的污染。预防性驱虫可用丙硫咪唑药物，按每千克体重每日60mg，连用2天，10天后再服一次。

二、毛细线虫病

鸭的毛细线虫病是由毛科、毛细线虫属的多种线虫寄生于鸭的食管、小肠和盲肠所引起的疾病，严重感染可引起鸭死亡。

1. 病原

由毛细线虫科的线虫所引起的蠕虫病，总称为禽毛细线虫病。鸭的毛细线虫的病原体有鸭毛细线虫、膨尾毛细线虫和翻捻转毛细线虫。

2. 流行特点

一般情况下，在本病流行地区，一年四季都能在鸭体内发现鸭的毛细线虫。在气温较高的季节患鸭体内虫体数量较多，气温较低的季节，虫体数量较少。未发育的虫卵比已发育的虫卵抵抗力强，在外界可以长期保持活力。干燥的土壤不利于鸭毛细线虫的发育和生存。

3. 临床特点和病理变化

由各个不同种的毛细线虫所引起的毛细线虫病的经过和症状基本上是一致的，轻度感染时不出现明显的症状。严重感染表现为食欲缺乏或废绝，但大量饮水，精神萎靡。患鸭消化紊乱，开始呈现间歇性下痢，之后呈持续下痢。患鸭很快消瘦，生长停顿。由于虫体数量多，常引起机械性阻塞，又因分泌毒素而引起鸭慢性中毒，患鸭常由于极度消瘦最后衰竭而死。

剖检可见十二指肠或小肠前段有细如毛发样虫体。严重感染的病例可见大量虫体阻塞肠道。在虫体附着的部位肠黏膜浮肿，充血、出血。慢性病例可见浆膜周围的肠系膜增生和肿大。

4. 防治

新建鸭场时必须选择干燥、松软且水分容易渗透的场地。最好是平坦和干燥的地势。将成年鸭与幼鸭分开饲养。已感染毛细线虫的鸭场，应每隔 10 天进行一次大消毒。应做好定期驱虫，每隔 1～2 个月驱虫一次。

对鸭毛细线虫病的治疗，只有当大群流行时，才应当进行全群驱虫。驱虫时所采用药物，应注意药物的种类和剂量，以免患鸭中毒。同时，还应特别避免因使用药物而造成鸭只药物残留问题。可以按说明使用甲氧啶、左咪唑、噻咪唑、四咪唑、越霉素 A 等药物治疗。

三、裂口线虫病

裂口线虫病是由鹅裂口线虫、斯氏裂口线虫寄生于鸭鹅的肌胃和肌胃角质层之下所引起的疾病。鹅裂口线虫对鹅为害严重，往往引起鹅群较大损失，对成鸭为害较轻，而对雏鸭的害性较大。

1. 病原

鸭鹅的裂口线虫病是由鹅裂口线虫、斯氏裂口线虫。

2. 流行特点

裂口线虫发育无需中间宿主。受精后的雌虫在鸭鹅胃内排出大量的肉眼看不见的虫卵。虫卵随粪便排到外界之后，必须在适宜条件（28～30℃）下，经 24～48 小时当卵中发育成具有活动性的幼虫，然后经 5～6 天，幼虫破壳而出，并经两次脱皮，发育成具有感染性的幼虫。这些有感染性的幼虫能在水中游泳，爬到水草上，鸭鹅吃了有侵袭性幼虫污染的水草、牧草或水时而受感染。幼虫进入鸭鹅的消化道之后，前 5 天栖居于腺胃，最后进入肌胃或钻入肌胃角质层下面，发育为成虫，其寿命仅有3个月。

3. 临床特征和病理变化

鸭鹅感染后，其消化机能受阻，饲料的消化率明显下降（特别是谷粒饲料），患雏精神萎靡不振，食欲减少或废绝。生长发育障碍，体弱贫血，时有腹泻。倘若虫体数量多，再加上饲养管理不善，可造成大批死亡。倘若虫体数量不多或鸭鹅年龄较大，则症状不明显，但可带虫和传播远。

剖开肌胃，可见角质层较薄的部位有大量粉色、细长的虫体。有虫体存在的肌胃角质层易坏死，呈棕色硬块，如除去角质层，见有黑色疡病灶，肌胃黏膜松弛、脱落。

4. 诊断

剖开病鸭鹅的肌胃即可找到虫体，粪便检查可找到虫卵。

5. 防治

（1）预防。

①虫卵在0.5m深的水中能正常发育。幼虫在外界环境中只能存活15天，而在10cm深的水中可以生存25天，在冬季虫卵孵出的幼虫很快死亡。鉴于以上情况，要清除病原体是不难的。只要让鸭鹅场闲置1~1.5个月，期间搞好清洁卫生，加强消毒，则可以在1.5~2个月内清除病原。

②把大、中、小鸭鹅群分开饲养，避免使用同一场地，这样就能够摆脱鹅裂口线虫的侵袭，防止交叉感染。

③预防性驱虫，鹅裂口线虫的幼虫侵入到机体内，经17~22天发育成成虫。因此，在疫区的鸭场，从雏鸭鹅放牧的第一天开始，经17~22天后进行第一次驱虫，并按具体情况制定第二次驱虫计划。在疫区每年最少要进行两次预防性驱虫。驱虫应在隔离圈舍内进行，投药后两天内彻底清除粪便，并进行生物发酵处理。

④平时应加强圈舍的清洁卫生工作。

（2）治疗。本病的治疗可选用下列药物。

①左旋咪唑按每千克体重用25～40mg，均匀拌料，一次喂服。间隔1～2周后再给药一次。

②丙硫咪唑按每千克体重用10～25mg或30～50mg，拌料或饮服。

③驱虫净（四咪唑）按每千克体重用40～50mg，拌料。

④甲苯咪唑按每千克体重用30～50mg，拌料。

四、蛔虫病

鸭的蛔虫病是由鸡蛔虫所引起的疾病。当鸭与鸡混养时，感染率较高。

1. 病原

本病的病原是鸡蛔虫。

2. 流行特点

雏鸭易感染蛔虫，随着年龄增长，对鸡蛔虫的易感性逐渐降低。蛔虫的寄生部位主要在小肠内。雌虫所产的卵，随粪便排出体外，在温度和湿度适宜的情况下，虫卵继续发育，经10～16天后成为有感染力的感染期虫卵，这种虫卵在易感宿主的腺胃或十二指肠中孵化。此时卵内已形成一条盘曲的幼虫，蜕皮后仍留在壳内，即为感染性幼虫。幼虫孵出后的前9天，寄居在十二指肠后部的肠腔内以后钻进黏膜，引起黏膜出血，到第17～18天时，重返十二指肠腔，直至发育成熟。鸭吞食感染性幼虫至性成熟约需1个月，这时鸭粪就有蛔虫排出。

3. 临床特征和病理变化

雏鸭较易感染鸡蛔虫，一旦感染，则易引起生长发育受阻，精神不佳，羽毛松乱，行动缓慢，食欲减小，常出现腹泻或下痢与便秘交替，有的稀粪中混有带血黏液，贫血。机体逐渐衰弱。

当虫体大量积聚肠管时，可引起鸭只死亡。

当虫体的幼虫钻入肠黏膜时，破坏黏膜及肠绒毛，造成黏膜出血和发炎。肠壁上常可见到颗粒状的化脓灶或结节。严重病例可见大量成虫聚集或互相绕结，往往会造成肠堵塞，甚至会引起肠破裂，形成腹膜炎。

4. 诊断

本病的确诊需找到虫体进行诊断。

5. 防治

(1) 预防。

①搞好鸭舍的清洁卫生，每天清除鸭舍及运动场的粪便，并集中起来进行生物热处理。勤换垫草，铺上一些草木灰保持干燥。运动场要保持干燥，有条件时铺上一层细沙土或隔一段时间铲去表土，换新垫土。

②饲槽和饮水器应每隔 1~2 周用沸水消毒一次。

③把雏鸭与大鸭分开饲养，不公用运动场。

④在流行蛔虫的鸭场，每年应进行 2~3 次定期驱虫。第一次驱虫在 2 月龄时进行，第二次驱虫在冬季；成鸭第一次驱虫在 10~11 月，第二次在春季产蛋前 1 个月。患鸭应随时驱虫。

(2) 治疗。可用下列药物进行驱虫治疗。

①磷酸哌嗪片：按每千克体重 0.2g，拌料。

②驱蛔灵：按每千克体重 0.25g，或在饮水或饲料中添加 0.025% 驱蛔灵，在 8~12 小时内服完。

③四咪唑（驱虫灵）：按每千克体重 60mg 饲喂。

④甲苯咪唑：按每千克体重 30mg 饲喂。

⑤左咪唑（左旋眯唑）：按每千克体重 25~30mg，溶于饮水中，一次口服。

⑥丙硫苯咪唑（丙硫咪唑）：按每千克体重 10~25mg，混料喂服。

⑦硫化二苯胺（酚噻嗪）：雏鸭按每千克 300～500mg，成鸭每千克体重 500～1 000mg，拌料喂服。

⑧噻苯唑：以每千克体重 500mg 一次性饲喂。

⑨潮霉素 B：按 0.000 88%～0.001 32% 饲喂。

五、四棱线虫病

鸭的四棱线虫病是由克氏四棱线虫、裂刺四翻线虫和美洲四棱线虫寄生于鸭的腺胃所引起的疫病，常常给鸭群带来极大的危害。

1. 病原

鸭的四棱线虫病的病原是四棱线虫科的克氏四棱线虫、裂刺四翻线虫和美洲四棱线虫。

2. 流行特征

四棱线虫的中间宿主是端足类、蚱蜢、蚯蚓和蟑螂。寄生在鸭胃内的雌虫，周期性地排出成熟的卵，卵从胃中随着食物进入肠道，最后连同粪便排出外界。散播于鸭舍、运动场或水池，虫卵被中间宿主吞食后，在其体内经过二段时间（约 42 天）发育为有感染性的幼虫。当这些中间宿主被鸭吞食后在鸭胃内被消化，幼虫逸出并在胃黏膜中停留 12～18 天，蜕皮变成第 4 期幼虫，最后发育为成虫。雌虫寄生于腺胃的李氏腺体中，雄虫则游离于腺胃腔中，交配后，至 45 天时雌虫子宫中已有含胚胎的虫卵，3 个月后雌虫膨大到最大限度。

3. 临床特征和病理变化

患鸭表现精神沉郁，消化机能障碍，食欲减退，生长发育停滞，消瘦、虚弱、贫血和腹泻。严重者可引起死亡。

当四棱线虫的幼虫移行到腺胃时，其头部钻入黏膜内，致使黏膜发生炎症，常见有溃疡灶。胃黏膜中可看到暗红色成熟的雌虫，这时虫体几乎全部埋入增生的组织下。腺胃组织由于受到虫体的强烈刺激而产生炎症反应，并伴有腺体组织变性水肿和广泛的白细胞浸润。

4. 诊断

根据粪便找到虫卵，并结合剖检，在鸭体内找到虫体即可确诊。

5. 防治

用0.015% ~0.03%的溴氰酯或用五氯酚钠喷洒消灭中间宿主。注意鸭舍的清洁卫生，定期对鸭舍及用具进行消毒。及时清除粪便进行发酵处理。定期进行预防性驱虫。把大小鸭只分开饲养，防止交叉感染。

治疗推荐使用下列药物。

①左旋咪唑：按每千克体重用10mg，均匀拌料饲喂，一次喂服。

②丙硫苯咪唑：按每千克体重用40 ~50mg，均匀拌料饲喂，一次喂服。

③四氯化碳：按每千克体重2mg，用注射器将药液直接注入食管膨大部，或用胶管插入胃内给药。

第六节　外寄生虫病

一、螨病

螨病是常见的外寄生虫病，鸭鹅都可以感染螨病。

1. 病原

引起鸭鹅螨病主要是鸡刺皮螨、突变膝螨、鸡新勋恙螨。

2. 流行特征

（1）鸡刺皮螨有昼伏夜出的习性。每天产卵数十个，在温暖的季节，经过2 ~3 天孵化成幼虫。幼虫经过2 ~3 次蜕皮变为八足稚虫，再经4～8天，通过一次吸血和二次蜕皮变为成虫。在气温较高时繁殖较快，1周内完成一个繁殖周期，而在冬天寒冷季节繁殖速度减慢。

（2）突变膝螨的全部生活都在鸭体皮肤内完成。成虫在鸭的皮下穿行，在皮下组织中形成隧道。虫卵在隧道内，幼虫经过一段时间后变为成虫而藏于皮肤的鳞片下面，形成大量皮属和痂皮。

（3）鸡新勋恙螨成虫生活在潮湿的草地上，只有幼虫营寄生生活。雌虫受精后在泥土上产卵，经过约2周时间孵出幼虫，一遇到鸭只，便爬到体上吸取体液和血液，在鸭体上寄生5周以上。幼虫饱食后落地，数日后发育，经幼虫至成虫的发展。

3. 临床特征

（1）鸡刺皮螨。早期或少量寄生鸭的皮肤，症状较微，不易发现，对鸭只的危害性不大。当虫体大量寄生时，受刺皮螨严重侵袭的鸭，日渐衰弱，贫血，皮肤发痒，常自啄痒处，影响采食和休息。幼鸭因失血过多，生长发育不良，日渐消瘦，甚至导致死亡。产蛋母鸭产蛋量下降。

（2）突变膝螨（又称鳞足螨）。一般寄生于鸭的脚趾或髯上，主要是寄生于腿脚的无毛处。本虫穿入皮下，在皮下组织中形成隧道，鸭的皮肤受到刺激而引起发炎。在皮肤鳞片下有大量炎症渗出物、皮屑及痂皮。鸭脚肿大，外面附着一层石灰样物质，因此，常称“石灰脚”。严重时，还会使趾骨发炎、坏死、变形。因而使鸭只行走困难，影响采食，生长发育受阻和产蛋量下降。

（3）受鸡新勋恙螨侵袭的鸭，患部奇痒，并出现痘疹状病灶，周围隆起，中间凹陷，形如痘脐状。这种痘疹病灶多见于鸭的腹部和羽下的皮肤表面。患鸭出现贫血、消瘦、垂头和食欲减少，严重者可导致极度瘦弱。

4. 诊断

根据病学进行鉴定。

5. 防治

(1) 预防。

①本病可以通过直接接触或媒体接触而感染，因此，应把病鸭与健康鸭分开饲养。搞好鸭舍卫生，减少本病的传播。

②鸭舍内的一切用具必须进行经常性消毒。

(2) 治疗。

①对鸡刺皮螨可用0.25%敌敌畏或0.2%敌百虫水溶液直接喷洒鸭身刺皮螨的栖息处、墙隙及产蛋巢。隔7~10天重喷一次。特别要注确保鸭身皮肤喷湿。污染的垫草应烧掉，其他用具可用沸水烫，再在阳光下暴晒。还可用依维菌素，按每千克体重0.2mg，皮下注射。

②对突变膝螨可将病鸭的脚侵入温热的肥皂水中浸泡，使痂皮变软，除去痂皮。然后用2%硫黄软膏或2%石炭酸软膏涂患部。隔几天再涂一次。或将患脚浸入温的杀螨剂溶液中。

③这只适用少数病例使用。对鸡新勋恙螨用0.1%乐杀螨溶液、70%酒精、2%~5%碘或5%硫黄软膏涂擦患部，1周后重复一次。也可用依维菌素皮下注射。

二、虱病

虱病是寄生在鸭鹅的体表皮肤和羽毛上的一种体外寄生虫病。由于虱的种类多，在同一体表往往寄生着数种虱。这些虱附在羽毛上，引起痒症，造成羽毛断折。使得鸭鹅生长发育受阻，产蛋减少，造成经济损失。

1. 病原

寄生于鸭的虱属于食毛亚目，种类很多，主要有细鸭虱和鸭巨毛虱。

2. 流行特征

寄生于鸭的羽虱，其整个生活史均需在鸭身上渡过，以啮食毛、羽和皮屑为生。一旦离开鸭体则很快死亡。雌虱所产的卵通常黏附在羽毛的近基部处，依靠鸭的体温进行孵化，经4~8天，由卵变成幼虱，在2~3周内经3~5次蜕皮后成为成虫。鸭虱的传播方式主要是直接接触感染，通过用过的垫料及管理用具等传播。本病多见饲养管理和环境卫生条件不良的鸭场，尤小鸭为严重。一年四季均可发生，秋冬季因被毛增长，绒毛厚密，因而鸭虱病常较严重。常下水游泳的鸭不易感染，丘陵地区鸭群的感染程度低，产蛋鸭比肉鸭严重。

3. 防治

（1）预防。搞好环境卫生，保持鸭舍、运动场清净，及时清扫粪便并集中堆积发酵处理。新引进的鸭群，先进行详细检查，发现虱寄生于鸭体，立即进行治疗，然后才混群。

（2）治疗。

①除虫菊酯和0.3%敌敌畏合剂，或0.5%杀螟松和0.2%敌敌畏合剂喷洒鸭场和栏舍。

②烟草一份，水20份，煮1小时，凉后在晴朗温暖的时候涂洗喷洒鸭身。

③氟化钠5份，滑石粉95份，混合后撒涂在鸭的羽毛上。也可配制成0.7%~1.0%的氟化钠水溶液。为增强效果，也可加入0.3%的肥皂水，将患鸭浸入溶液内几秒钟，把羽毛浸湿。

④用白陶土配成25%除虫菊酯，2%除虫菊、3%~5%硫黄粉或鱼藤精粉，均可防治鸭虱。

⑤在夜间用0.2%~0.3%敌百虫药液喷洒鸭体羽毛表皮，当虱夜间从羽毛中外出活动时，一沾上药液即可被杀死。

⑥在驱杀鸭虱时，必须同时对鸭舍、地面、墙的缝隙以及一切用具进行喷雾和喷洒消毒。

⑦由于各种药物对虱卵的杀灭效果均不太理想，因此，最好隔10天再治疗一次，以便杀死新孵出来的幼虱。

三、蜱病

鸭鹅的蜱病是由波斯锐缘蜱寄生而引起的疫病。主要是吸食血液，影响鸭鹅的生长发育，同时，在吸血过程中所产生的毒素也会影响产蛋。

1. 病原

鸭鹅的蜱病的病原是波斯锐缘蜱。

2. 流行特点

成熟的蜱产卵后，孵化幼虫，幼虫有扁平的并向前突出的假头，经3个稚虫期，然后变为成虫。幼虫常栖居于鸭鹅体羽下，其活动不受昼夜限制，成虫期的蜱吸一次血，经6~15天产一次卵，每次产卵30~100枚。在温暖的季节，虫卵经6~10天孵化；在凉爽时节，孵化期可达3个月。幼虫在4~5日龄时变为饥饿状态，并寻找宿主吸血。吸4~5次血后，幼虫离开宿主，经3~9天脱皮变为第一期稚虫期阶段。稚虫仅在夜间活动和吸血，离开鸭鹅体后隐藏5~8天，脱皮变为第二期稚虫，在5~15天内吸血。再隐藏12~15天，蜕化为成虫。成虫吸饱血液，大约1周后，雌雄虫交配，经3~5天雌虫产卵，全过程需要7~8周。波斯锐缘蜱每一生活周期需3~8个月，各期幼虫都可越冬，且能耐饥饿，如幼虫能耐饥饿达8个月，稚虫能耐饥饿24个月，成虫能耐饥饿达3年半。

3. 临床特征

当大量的蜱侵袭鸭鹅时，虫体吸取鸭鹅的血液。一方面使患鸭鹅表现极为不安，造成食欲减退，睡眠受干扰；另一方面是失血过多，造成贫血、消瘦，甚至死亡。母鸭、母鹅产蛋下降。

4. 防治

无论是成蜱抑或是稚虫，都仅在一个短时间内寄生于宿主身上，而大部分时间隐藏在宿主周围的环境中。因此，消灭蜱就必须在鸭鹅舍的垫料、墙壁、地面、顶棚、栏圈柱子等处同时进行。

用0.2%的敌百虫液喷洒，可在48～72小时杀死虫体。也可用5%克辽林、0.2%双甲脒乳油，配成0.05%溶液喷洒。同时，要搞好环境卫生。

第三章　鸭鹅常见营养代谢病

一、维生素 A 缺乏症

维生素 A 缺乏症（hypoviaminosis A）是维生素 A 长期摄入不足或吸收障碍所引起的一种慢性营养缺乏病，以夜盲、干眼病、角膜角化、生长缓慢、繁殖机能障碍及脑和脊髓受压为特征。

1. 病因

（1）原发性缺乏。主要有以下 4 个方面原因。

①饲料中维生素 A 原或维生素 A 含量不足：舍饲家禽长期喂饲稿秆、劣质干草、米糠、麸皮、玉米以外的谷物以及棉籽饼、亚麻籽饼、甜菜渣、萝卜等维生素 A 原含量贫乏的饲料。散养的鸭鹅一般不易发生本病，但在严重干旱的年份，牧草质地不良，胡萝卜素含量不足，长期放牧而不补饲，也可导致体内维生素 A 贮备枯竭。成年鸭、鹅喂饲低维生素 A 饲料，鸭鹅 2 ~ 3 个月，才有可能显现临床症状。

幼禽肝脏维生素 A 的贮备较少，对低维生素 A 饲料较为敏感，雏鸭 4 ~ 7 周，即可发病。

②饲料加工、贮存不当：饲料中胡萝卜素的性质多不稳定，加工不当或贮存过久，即可使其氧化破坏。如自然干燥或雨天收割的青草，经日光长时间照射或植物内酶的作用，所含胡萝卜素可损失 50% 以上。煮沸过的饲料不及时饲喂，长时间暴露，胡萝卜素可发生氧化而遭到破坏；配合饲料存放时间过长，其中，

不饱和脂酸氧化酸败产生的过氧化物能破坏包括维生素A在内的脂溶性及水溶性维生素的活性。饲料青贮时胡萝卜素由反式异构体转变为顺式异构体，在体内转化为维生素A的效率显著降低。

③饲料中存在干扰维生素A代谢的因素：磷酸盐含量过多可影响维生素A在体内的贮存；硝酸盐及亚硝酸盐过多，可促进维生素A和A原分解，并影响维生素A原的转化和吸收；中性脂肪和蛋白质不足，则脂溶性维生素A、D、E和胡萝卜素吸收不完全，参与维生素A转运的血浆蛋白合成减少。

（2）继发性缺乏。胆汁中的胆酸盐可乳化脂类形成微粒，有利于脂溶性维生素的溶解和吸收。胆酸盐还可增强胡萝卜素加氧酶的活性，促进胡萝卜素转化为维生素A。

慢性消化不良和肝胆疾病时，胆汁生成减少和排泄障碍，可影响维生素A的吸收。肝脏机能紊乱，也不利于胡萝卜素的转化和维生素A的贮存。

2. 临床表现

幼禽饲以低维生素A日粮，2～3周内即出现症状。主要表现生长停滞，消瘦，羽毛蓬乱，第三眼睑角化，结膜炎，结膜附干酪样白色分泌物，窦炎。由于黏膜腺管鳞状化生而发生脓痘性咽炎和食管炎。气管上皮角化脱落，黏膜表现覆有易剥离的白色膜状物，剥离后留有光滑的黏膜或上皮缺损，还可见有运动失调、反复发作性痉挛等神经症状。近来认为禽跛腿（bumble foot）亦与慢性维生素A缺乏有关（图3－1至图3－4）。

3. 诊断

根据长期缺乏青绿饲料的生活史，夜盲、干眼病、共济失调、麻痹及抽搐等临床表现，维生素A治疗有效等，可建立诊断。

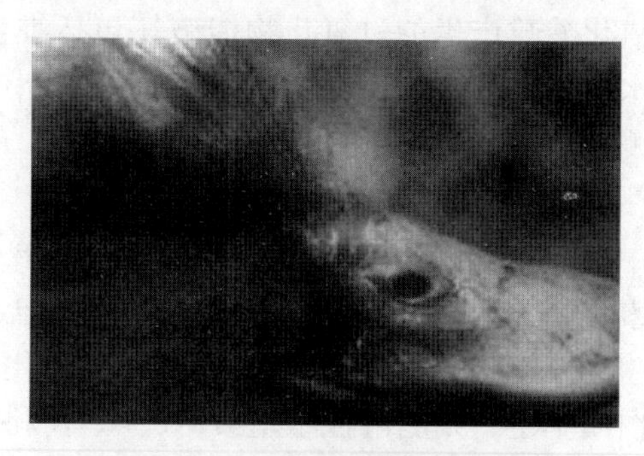

图3－1　上喙角质层粗糙脱落

（图片引自陈伯伦《鸭病》）

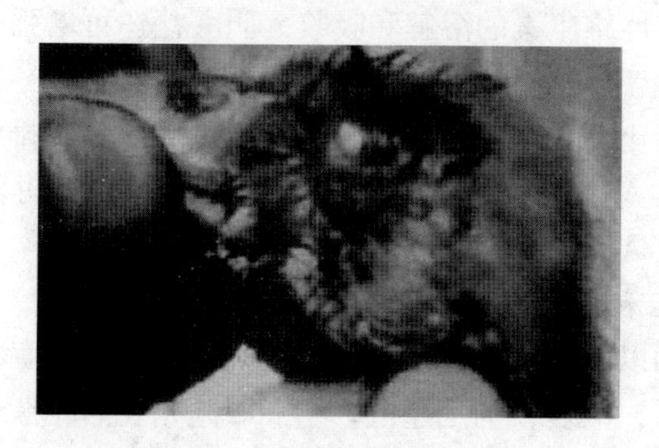

图3－2　流泪，眼角膜混浊

（图片引自陈伯伦《鸭病》）

4. *防治*

应用维生素A制剂。内服鱼肝油，家禽可在饲料中添加鱼肝油，按体重大小每天0.5～2ml。谷物饲料贮藏时间不宜过长，配合饲料要及时喂用，不要存放。

二、维生素B_1缺乏症

维生素B_1缺乏症是由于饲料中硫胺素不足或饲料中含有干

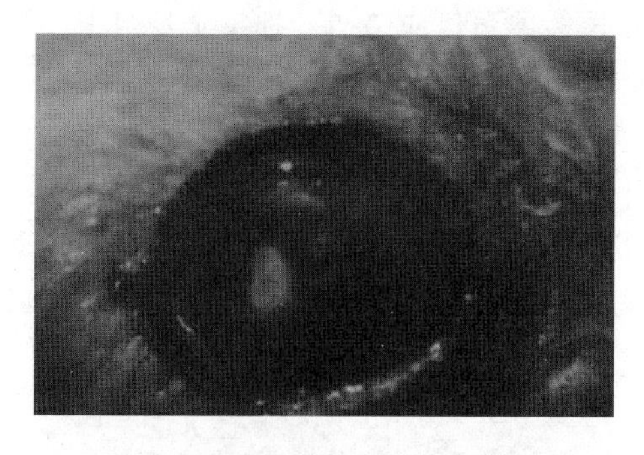

图 3－3　眼角膜有灰白色坏死灶

（图片引自陈伯伦《鸭病》）

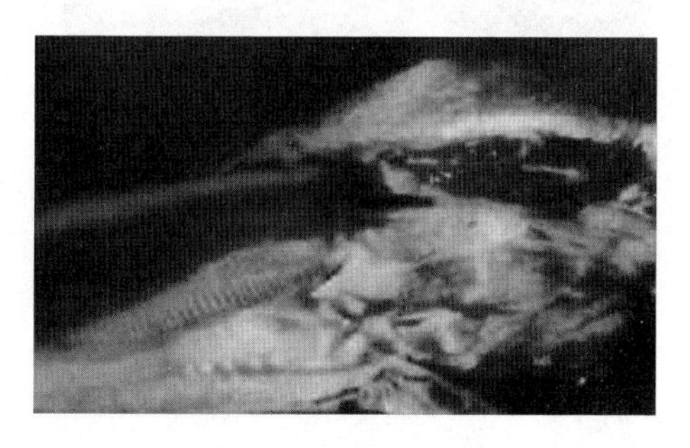

图 3－4　咽部和食道黏膜有灰白色小脓疱病变

（图片引自陈伯伦《鸭病》）

扰硫胺素作用的物质所引起的一组营养缺乏病，临床表现以神经症状为特征。本病多发生于幼禽。

1. 病因

饲料中硫胺素含量不足　硫胺素广泛存在于饲料中，谷物、米糠、麦麸及青绿牧草含有丰富的硫胺素，动物通常不易发生缺乏，但除猪外。动物体内不能贮存硫胺素，需经常由饲料供给，长期缺乏青绿饲料而谷类饲料又不足，可引起硫胺素缺乏。

硫胺素缺乏时，糖代谢的中间产物，如丙酮酸和乳酸不能进一步氧化而积聚，能量供应障碍，损害全身组织，神经组织尤为敏感。

2. 临床表现

幼禽多于2周龄前发病，食欲减退，生长缓慢，体重减轻，羽毛蓬松。步样不稳，双腿叉开，不能站立，双翅下垂，或瘫倒在地。随着病情进展，呈现全身强直性痉挛，头向后仰，呈观星姿势（图3－5、图3－6）。

图3－5　头偏向一侧，脚软，身体侧卧

（图片引自陈伯伦《鸭病》）

3. 诊断

依据缺乏谷物饲料或青饲料，临床表现食欲减退和麻痹、运动障碍等神经症状，及硫胺素治疗效果卓著，建立诊断。测定血中丙酮酸和硫胺素含量，有助于确定诊断。

4. 防治

采用皮下、肌肉或静脉注射维生素 B_1 直至症状消退。

预防主要是加强饲养管理，增喂富含硫胺素的饲料，如青饲料、谷物饲料及麸皮等。喂饲生鱼的家禽，应在饲料中添加或补充硫胺素，每千克生鱼补加硫胺素 20～30mg。

图3-6 呈神经症状

（图片引自陈伯伦《鸭病》）

三、维生素 B_2 缺乏症

维生素 B_2，又称核黄素（riboflavine），是生物体内黄酶的辅酶，黄酶在生物氧化中起着递氢体的作用，广泛分布于酵母、干草、麦类、大豆和青饲料中。动物消化道内的细菌可以合成维生素 B_2，亦不易缺乏。

1. 病因

各种青绿植物和动物蛋白富含核黄素，动物消化道中许多细菌、酵母菌、真菌等微生物都能合成核黄素。可是常用的禾谷类饲料中核黄素特别贫乏，每千克不足2mg。所以，肠道比较缺乏微生物的家禽，又以禾谷类饲料为食，若不注意添加核黄素易发生缺乏症。核黄素易被紫外线、碱及重金属破坏；另外，也要注意饲喂高脂肪、低蛋白饲粮时核黄素需要量增加；种禽比非种用的需要量需提高1倍；低温时供给量应增加；患有胃肠病的，影响核黄素转化和吸收。否则，可能引起核黄素缺乏症。

2. 临床表现

幼禽易发生 VB_2 缺乏症，表现为生长缓慢，腹泻，腿麻痹及特征性的趾卷曲性瘫痪（curled toe paralysis），跗关节着地行走，趾向内弯曲，母鸡产蛋率和孵化率下降，胚胎死亡率增加（图 3－7）。

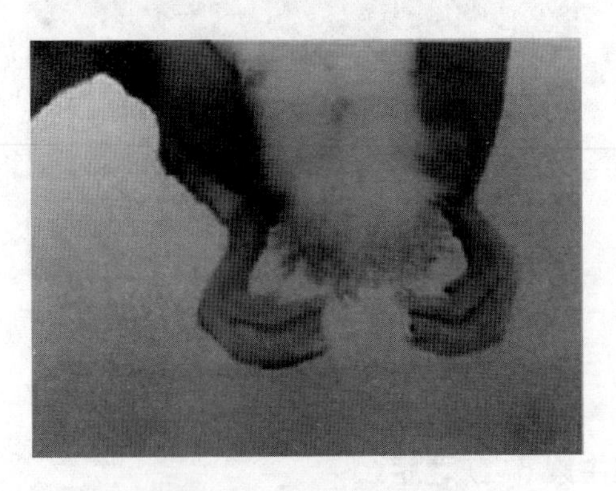

图 3－7 脚趾向内卷曲

（图片引自陈伯伦《鸭病》）

3. 病理变化

病死幼禽胃肠道黏膜萎缩，肠壁薄，肠内充满泡沫状内容物。有些病例有胸腺充血和成熟前期萎缩。病死成年家禽的坐骨神经和臂神经显著肿大和变软，尤其是坐骨神经的变化更为显著，其直径比正常大 4～5 倍。损害的神经组织学变化是主要的，外周神经干有髓鞘限界性变性。并可能伴有轴索肿胀和断裂，神经鞘细胞增生，髓磷脂（白质）变性，神经胶瘤病，染色质溶解。另外，病死的产蛋鸡皆有肝脏增大和脂肪量增多。

4. 诊断

通过对发病经过、日粮分析、足趾向内蜷缩、两腿瘫痪等特征症状以及病理变化等情况的综合分析，即可作出诊断。

5. 防治

在雏禽日粮中核黄素不完全缺乏，或暂时短期缺乏又补足之，随雏禽迅速增长而对核黄素需要量相对减低，病禽未出现明显症状即可自然恢复正常。然而，对足爪已蜷缩、坐骨神经损伤的病禽，即使用核黄素治疗也无效，病理变化难于恢复。因此，对此病早期防治是非常必要的。

对雏禽一开食时就应喂标准配合日粮，或在每吨饲料中添加2~3g核黄素，就可预防本病发生。若已发病的家禽，可在每千克饲料中加入核黄素20mg治疗1~2周，即可见效。

四、维生素C缺乏症

维生素C，又称抗坏血酸，主要作用在于促进细胞间质的合成，抑制透明质酸酶和纤维蛋白溶解酶的活性，从而保持细胞间质的完整，增加毛细血管致密度，降低其通透性和脆性。青绿饲料含有较多的维生素C，畜禽体内亦能合成，很少发生缺乏。

1. 病因

维生素C广泛存在于青饲料、胡萝卜和新鲜乳汁中，但幼禽有时可产生维生素C缺乏症。另外，长期及严重的应激，慢性疾病及某些热性疾病可增加维生素C的消耗，间接引起缺乏。

2. 症状

幼禽维生素C缺乏，可出现精神不振，食欲减退，当病情发展时可表现出血性素质，严重时舌也发生溃疡或坏死。红细胞总数及血红蛋白量下降，逐渐发展为正色素性贫血，并伴发白细胞减少症。

虽然禽类的嗉囊内能合成部分维生素C，较少发病。但维生素C有较好的抗热性，可提高产蛋量，增加蛋壳强度，增加种禽精液生成，增强抵抗感染能为。因此，在鸭、鹅饲料中仍应补充维生素C，尤其在应激和发病时更应补充。

3. 防治

饲料中增加富含维生素 C 的青绿饲料、绿叶蔬菜或三叶草等。药物治疗可给予维生素 C 制剂或饲料中添加维生素 C。治疗采用 10% 维生素 C 饲料添加每日 1 次，连用 3 ~ 5 天以上。

在兽医临床实践中，即使没有明显的维生素 C 缺乏症，对某些溶血性疾病、消化道疾病、创伤和手术后创伤愈合等，配合维生素 C 治疗也会取得较好效果。

五、维生素 D 缺乏症

维生素 D 缺乏是动物或其采食的饲料光照不足，维生素 D 原转变为维生素 D 不足所致发的一种营养性骨病。各种动物均可发生。

1. 病因及发病机理

动物体维生素 D 主要来源于饲料和体内合成。干草和其他植物以及酵母含有麦角固醇，经日光或紫外线照射后，可转变为维生素 D_2。生长的牧草、谷物及谷物副产品中维生素 D_2 的含量较少，但日光下晾晒的干草，每千克可含 150 ~ 3 000IU 的维生素 D_2。

维生素 D 在肝脏内经肾脏生成具有生物活性的维生素 D 的衍生物，能促进小肠上皮细胞刷状缘中钙结合蛋白的合成，并能提高依赖于钙的 ATP 酶的活性，推动“钙泵”，从而促进钙、磷在小肠的吸收；促进骨盐溶解，加速骨骼钙化，促进肾小管对钙、磷的回收。

维生素 D 在体内转变为 1，25 – 二羟钙化醇的过程，一方面受肝脏转变 25 – 羟钙化醇过程的负反馈调节；另一方面受血钙和血磷水平、甲状腺素及降钙素的调节。

2. 症状

幼禽生长缓慢，健康不佳，行走困难，跛行，脊柱及胸骨变形，跗关节肿大，肋骨肋软骨结合部呈念珠状。嘴（喙）变形，指压即弯，故称为橡皮嘴（rubbery beak）（图3－8、图3－9）。

图3－8　瘫痪，两肢后伸，脚蹼向上

（图片引自陈伯伦《鸭病》）

3. 防治

治疗应用维生素D制剂。浓鱼肝油内服，剂量为0.4～0.6ml/100kg体重。成年鸭除在饲料中添加足量的维生素D_3外，还应该注意钙磷的比例。

六、维生素E缺乏症

1. 病因

（1）饲料中维生素E含量不足。稿秆、块根饲料维生素E含量极少，饲料加工、贮存不当，如饲料干燥或碾磨时，其中的氧化酶可破坏维生素E；饲料中加入的物质或脂肪增进维生素E的氧化：经丙酸或氢氧化钠处理过的谷物，维生素E含量明显减少：潮湿谷物存放1个月，维生素E含量降低50%，贮存6个月，其含量极微。

（2）饲料中含过量不饱和脂酸。鱼肝油、鱼粉、猪油、亚

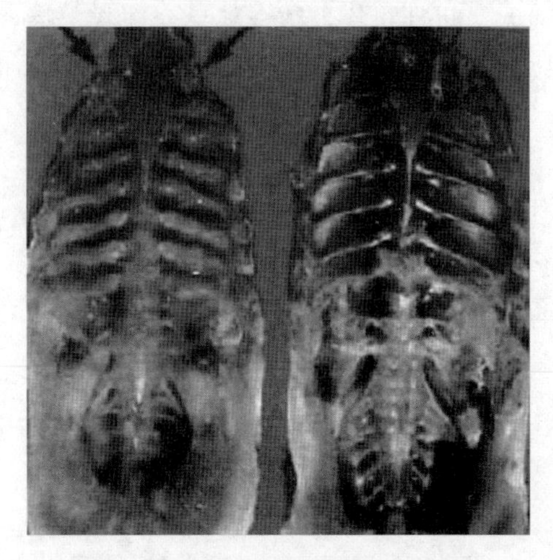

图 3-9　左肋骨与肋软骨间呈珠状

（图片引自陈伯伦《鸭病》）

麻油、豆油、玉米油等脂类物质常作为添加剂掺入日粮中，其富含的不饱和脂酸酸败时可产生过氧化物，促进维生素 E 氧化。

（3）维生素 E 需要增加。生长动物对维生素 E 的需要量多。喂饲高脂肪饲料的动物亦需要较多的维生素 E，一般日粮中每加入 1% 脂肪，每千克饲料应补加维生素 E 5mg。硒缺乏时，维生素 E 的需要量增大，饲料中硒含量低于 0.05mg/kg 时，机体对维生素 E 的需要明显增加。

2. 诊断

依据于临床表现为贫血、病理变化为肌营养不良、防治试验和实验室检查。血液和肝脏维生素 E 含量的测定，可作为评价动物体内维生素 E 状态的可靠指标（图 3-10 至图 3-13）。

3. 防治

调整日粮，合理加工、贮存饲料，减少饲料中不饱和脂酸含量，喂饲青草和优质干草，增添谷物饲料或添加 0.5% 植物油，

图 3-10　脑软化症，腿麻痹无力

（图片引自陈伯伦《鸭病》）

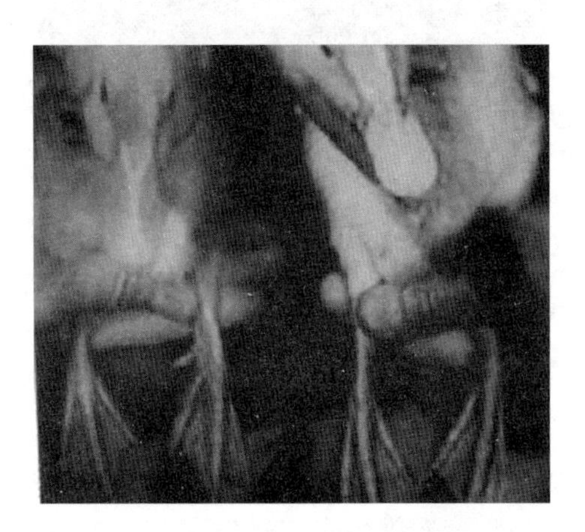

图 3-11　白肌病，腿和喙发白

（图片引自陈伯伦《鸭病》）

如小麦胚油，或添加维生素 E 10～20mg/kg 的饲料。

七、维生素 K 缺乏症

维生素 K 缺乏症是以维生素 K 依赖性凝血因子合成障碍为病理生理学基础，以出血性素质为主要临床表现的一种营养代谢

图 3－12　白肌病，胸肌有黄白条纹坏死灶
（图片引自陈伯伦《鸭病》）

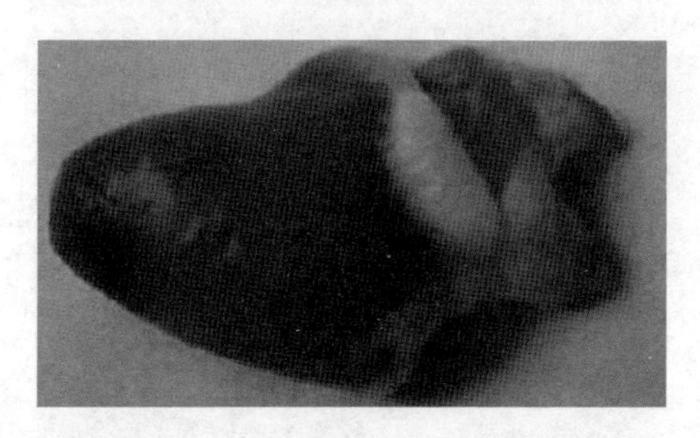

图 3－13　心肌松软，有黄白条纹坏死灶
（图片引自陈伯伦《鸭病》）

病和血液病。

1. *病因及发病机理*

维生素 K 是脂溶性维生素，自然存在于绿色植物或植物油中（K_1），也可由胃肠道微生物合成（K_2），需要胆盐将脂肪乳化后方能被小肠吸收。动物体内维生素 K 的贮备量有限，只够应用数日，必须经常补充。因此，维生素 K 缺乏可发生于下列情况：

饲料中维生素 K 不足；长期大量投服广谱抗生素；胰液和胆汁分泌缺乏；弥漫性小肠疾病所致的慢性腹泻；畜禽球虫病时长期投服磺胺喹恶啉。

维生素 K 为第Ⅱ、第Ⅶ、第Ⅸ、第Ⅹ凝血因子（统称维生素 K 依赖性凝血因子）在肝内合成时所必需。维生素 K 缺乏时，肝细胞不能生成有功能活性的第Ⅱ、Ⅶ、Ⅸ、Ⅹ凝血因子，致使内在途径和外在途径的凝血过程都受到影响，表现出血倾向。

2. 临床表现

主要临床表现是轻度或中等度出血倾向。在禽类，饲料中缺乏维生素 K 达 2～3 周后才显示症状，表现皮肤和黏膜的出血斑点。

凝血象检验的突出改变是凝血时间延长，凝血酶原时间延长，激活的部分凝血活酶时间延长，表明第Ⅱ、Ⅶ、Ⅸ、Ⅹ因子的复合性缺乏，显示内外在途径凝血过程都发生障碍。

3. 防治

首要的是给予充足的青绿饲料，保证胰液和胆汁的通畅分泌，消除肠道微生物群体活动（微生态）的干扰因素。在急性发作时，可应用维生素 K_3 实施替代疗法。维生素 K_3 是人工合成的水溶性维生素 K。肌内注射用量：0.5～2mg，连续 3～5 日。

八、胆碱缺乏症

胆碱具有多种重要生理机能，构成神经介质乙酰胆碱及结构磷脂、卵磷脂和神经磷脂，并在一碳基团转移过程中提供甲基。

家禽胆碱缺乏症，是一种营养缺乏病症，由于胆碱的缺乏而引起脂肪代谢障碍，使得大量的脂肪沉积所致的疾病，病雏表现生长停滞，腿关节肿大，突出的症状是骨短粗症，病禽表现为行动不协调，关节灵活性差发展成关节变弓形。或关节软骨移位，跟腱从髁头滑脱不能支持体重。

1. 病因

家禽对胆碱的需要量，按 NRC 标准：雏鸭和雏鹅 1 300mg/kg，其他阶段均为 500mg/kg。以上是在正常条件下家禽对胆碱最小需要量。若供给不足有可能引起缺乏症。由于维生素 B_{12}、叶酸、维生素 C 和蛋氨酸都可参与胆碱的合成，它们的缺乏也易影响胆碱的合成。

在家禽日粮中维生素 B_1 和胱氨酸增多时，能促进胆碱缺乏症的发生，因为它们可促进糖转变为脂肪，增加脂肪代谢障碍。此外，日粮中长期应用抗生素和磺胺类药物也能抑制胆碱在体内的合成，引起胆碱缺乏症的发生。

2. 症状

幼禽往往表现生长停滞，腿关节肿大，突出的症状是骨短粗症。跗关节初期轻度肿胀，并有针尖大小的出血点；后期是因跗骨的转动而使胫跗关节明显变平。由于跗骨继续扭转而变弯曲或呈弓形，以致离开胫骨而排列。病禽由行动不协调，关节灵活性差发展成关节变弓形。或关节软骨移位，跟腱从髁头滑脱不能支持体重。

有人发现，缺乏胆碱而不能站立的幼雏，其死亡率增高。成年家禽脂肪酸增高，母家禽明显高于公家禽。母家禽产蛋量下降，卵巢上的卵黄流产增高，蛋的孵化率降低。有些生长期的家禽易出现脂肪肝；有的成年家禽往往因肝破裂而发生急性内出血突然死亡。

3. 防治

本病以预防为主，只要针对病因采取有力措施是可以预防发病的。若家禽群中已经发现有脂肪肝病变，行步不协调，关节肿大等症状，治疗方法可在每千克日粮中加氯化胆碱 1g、维生素E10 国际单位、肌醇 1g，连续饲喂；或给每只家禽每天喂氯化胆碱，连用 10 天，疗效尚好。若病禽已发生跟腱滑脱时，则治疗效果差。

九、烟酸缺乏症

烟酸又称维生素 PP，包括尼克酸和尼克酰胺，前者在体内转变为后者，与核酸、磷酸、腺膘呤组成脱氢酶的辅酶（辅酶Ⅰ和Ⅱ），在生物氧化过程中使底物脱氢并传递氢。酵母、米糠、麦麸和肉类中含有丰富的烟酸。动物体内可由色氨酸合成烟酸，但合成的数量不能满足营养需要，需由饲料中补充供应。

1. 病因

玉米中色氨酸及烟酸含量极低，且还含有抗烟酰胺作用的乙酰嘧啶，因此，长期单用玉米作为精饲料，便可能发生烟酸缺乏。低蛋白日粮可加剧烟酸缺乏。

2. 症状

病禽发生舌炎和口炎，生长缓慢，羽毛发育不全。幼龄鸡、鹅表现骨短粗样疾患。

3. 防治

治疗采用口服烟酸：禽可于每千克饲料中添加 40mg 烟酸。

每千克饲料中添加 10～20mg 烟酸有预防作用。

十、叶酸缺乏症

叶酸，因其普遍存在于植物绿叶中而得名，又称维生素 B_{11}，在体内转变为具有生物活性的四氢叶酸，作为一碳基团代谢的辅酶，参与嘌呤、嘧啶及甲基的合成等代谢过程。

家禽叶酸缺乏症是以生长不良、贫血、羽毛色素缺乏，有的发生伸颈麻痹等特征症状的营养代谢疾病。

1. 病因

家禽配合饲料对叶酸的需要量，按 NRC 标准：中雏鸭、鹅 0.55mg/kg，大雏和产蛋鸭、鹅 0.25mg/kg，种鸭、鹅 0.35mg/kg。当其供给量不足，集约化或规模化鸡群又无青绿植物补充，家禽消化道内的微生物仅能合成一部分叶酸，有可能引起叶酸缺乏症。如若家禽长期服用抗生素或磺胺类药物抑制了肠道微生物时，或者是患有球虫病、消化吸收障碍病均可能引起叶酸缺乏症。

2. 临床症状

幼禽叶酸缺乏病的特征是生长停滞，贫血，羽毛生长不良或色素缺乏。若不立即投给叶酸，在症状出现后 2 天内便死亡。由于在骨髓红细胞形成中巨幼红细胞发育暂停，因此，病雏患有严重的巨幼红细胞性贫血症和白细胞减少症，有些还出现脚软弱症或骨短粗症。

3. 病理变化

病死家禽的剖检可见肝、脾、肾贫血，胃有小点状出血，肠黏膜有出血性炎症。

4. 防治

家禽的饲料里应搭配一定量的黄豆饼、啤酒酵母、亚麻仁饼或肝粉，防止单一用玉米作饲料，以保证叶酸的供给可达到预防目的。但不能达到治疗目的。

治疗病禽最好肌内注射纯的叶酸制剂，或者口服叶酸，在 1 周内血红蛋白值和生长率恢复正常。若配合应用维生素 B_{12}、维生素 C 进行治疗，可收到更好的疗效。

十一、维生素 B_{12} 缺乏症

维生素 B_{12}，又称氰钴胺（cyanocobalamin），是唯一含有金属元素钴的维生素，所以，又称为钴维生素。它是动物体内代谢的必需营养物质，参与一碳基团的代谢，通过增加叶酸的利用影响核酸和蛋白质的生物合成，从而促进红细胞的发育和成熟。此外，维生素 B_{12} 是甲基丙二酰辅酶 A 异构酶的辅酶，在糖和丙酸代谢中起重要作用。缺乏后则引起营养代谢紊乱、贫血等病症。

1. 病因

日粮中维生素 B_{12} 添加量，按 NRC 标准：雏鸭和雏鹅 0.009mg/kg，育成鸭鹅、种鸭鹅为 0.003mg/kg。除供给量不足可引起维生素 B_{12} 缺乏症外，在某些缺钴地区，植物中缺乏维生素 B_{12}，胃肠道微生物也因缺钴而不能合成维生素 B_{12}；患有胃炎，胃幽门部形成的氨基多肽酶分泌不足，未能促使维生素 B_{12} 进入黏膜的细胞以被吸收；由于维生素 B_{12} 仅在回肠中被吸收，当局限性回肠炎、肠炎时，也能造成维生素 B_{12} 的吸收不良。

影响家禽对维生素 B_{12} 需要的因素有：品种、年龄、维生素 B_{12} 在消化道内合成的强度、吸收率以及同其他维生素间的相互关系等。家禽消化道合成的维生素 B_{12} 吸收率较差，对维生素 B_{12} 的需要量很大，每千克饲料中须含 2.2mg，这个数字比美国 NAS－NRC（1954）所列的最小需要量要高很多。此外，饲料中过量的蛋白质能增加机体对维生素 B_{12} 的需要量，还须看饲料中胆碱、蛋氨酸、泛酸和叶酸水平以及体内维生素 C 的代谢作用而定。以上所述各种因素皆有可能使家禽发生维生素 B_{12} 缺乏症。

2. 症状

病幼禽生长缓慢，食欲降低，贫血。在生长中的幼禽和成年家禽维生素 B_{12} 缺乏时，未见到有特征性症状的报道。若同时饲料中缺少作为甲基来源的胆碱、蛋氨酸则可能出现骨短粗病。这时增加维生素 B_{12} 可预防骨短粗病，由于维生素 B_{12} 对甲基的合成能起作用。有的学者报道？维生素 B_{12} 缺乏症血液中非蛋白氮的含量增高，如喂了富含维生素 B_{12} 的肝精后，则其可降低到正常。

成年家禽维生素 B_{12} 缺乏症时，其蛋内维生素 B_{12} 则不足，于是蛋孵化时就出现胚胎死亡。

3. 病理变化

特征性的病变是孵胚生长缓慢，胚体型缩小，皮肤呈弥漫性水肿，肌肉萎缩，心脏扩大并形态异常，甲状腺肿大，肝脏脂肪变性，卵黄囊、心脏和肺脏等胚胎内脏均有广泛出血，肝、心、肾脂肪浸润。有的还呈现骨短粗病等病理变化。

4. 防治

在种家禽日粮中每吨加入4mg 维生素 B_{12}，可使其蛋能保持最高的孵化率，并使孵出的幼禽体内贮备足够的维生素 B_{12}，以使出壳后数周内有预防维生素 B_{12} 缺乏的能力。

对幼禽、生长家禽，在饲料中增补鱼粉、肉屑、肝粉和酵母等，因为植物性饲料中不含维生素 B_{12}，仅由异营微生物合成。动物性蛋白质饲料为禽类维生素 B_{12} 的重要来源。如每千克鱼粉约含100～200μg，禽舍的垫草也含有较多量的维生素 B_{12}。同时，喂给氯化钴，可增加合成维生素 B_{12} 的原料。

十二、锌缺乏症

锌缺乏症是饲料锌含量绝对或相对不足所引起的一种营养缺乏病，基本临床特征是生长缓慢、皮肤角化不全、繁殖机能障碍及骨骼发育异常。各种动物均可发生。

1. 病因

（1）原发性锌缺乏。主要起因于饲料锌不足，又称绝对性锌缺乏。一般情况下，40mg/kg 的日粮锌即可满足家畜的营养需要。市售饲料的锌含量大都高于正常需要量。

（2）继发性锌缺乏。起因于饲料中存在干扰锌吸收利用的因素，又称相对性锌缺乏。

现已证明，钙、镉、铜、铁、铬、锰、钼、磷、碘等元素可干扰饲料中锌的吸收。据认为，钙可在植酸参与下，同锌形成不易吸收的钙锌植酸复合物，而干扰锌的吸收。

2. 临床表现

禽采食量减少，采食速度减慢，生长停滞。羽毛发育不良，卷曲、蓬乱、折损或色素沉着异常。皮肤角化过度，表皮增厚，翅、腿、趾部尤为明显。长骨变粗变短，跗关节肿大。产蛋减少，孵化率下降，胚胎畸形，主要表现为躯干和肢体发育不全。边缘性缺锌时，临床上呈现增重缓慢，羽毛发育不良、折损等。

3. 诊断

（1）依据日粮低锌或高钙的生活史，生长缓慢、皮肤角化不全、繁殖机能低下及骨骼异常等临床表现，补锌奏效迅速而确实，可建立诊断。

（2）测定血清和组织锌含量有助于确定诊断。饲料中锌及相关元素的分析，可提供病因学诊断的依据。

（3）对临床上表现皮肤角化不全的病例，在诊断上应注意与疥螨性皮肤病、烟酸缺乏、维生素 A 缺乏及必需脂酸缺乏等疾病的皮肤病变相区别。

4. 治疗

每吨饲料中添加碳酸锌 200g，相当于每千克饲料加锌 100mg；或口服碳酸锌，补锌后食欲迅速恢复，1～2 周内体重增加，3～5 周内皮肤病变恢复。

5. 预防

保证日粮中含有足够的锌，并适当限制钙的水平，使 Ca：Zn 维持在 100：1。

十三、硒缺乏症

硒缺乏症是以硒缺乏造成的骨骼肌、心肌及肝脏变质性病变为基本特征的一种营养代谢病。侵害多种畜禽。鉴于硒缺乏同维生素 E 缺乏在病因、病理、症状及防治等诸方面均存在着复杂而紧密的关联性，有人将两者合称为“硒或维生素 E 缺乏综合征”。

1. 病因

20 世纪 50 年代后期研究确认，硒是动物机体营养必需的微量元素，而本病的病因就在于饲粮与饲料的硒含量不足。发病群体的年龄特征：本病集中多发于幼龄阶段，如雏鸡、鸭、火鸡等。这固然与幼龄畜禽抗病力弱有关，但主要还在于幼畜（禽）生长发育迅速，代谢旺盛，对营养物质的需求相对增加，对低硒营养的反应更为敏感。

2. 病理学变化

以渗出性素质，肌组织变质性病变，肝营养不良，胰腺体积缩小及外分泌部变性坏死、淋巴器官发育受阻及淋巴组织变性、坏死为基本特征。不同种属畜禽的病理特点不尽相同。

（1）渗出性素质。心包腔及胸膜腔、腹膜腔积液，是多种畜禽的共同性病变；皮下呈蓝（绿）紫色水肿，则是幼禽的剖检特征。

（2）骨骼肌变性、坏死及出血。所有畜禽均十分明显。肌肉色淡，在四肢、臀背部活动较为剧烈的肌群，可见黄白、灰白色斑块、斑点或条纹状变性、坏死，间有出血性病灶。

（3）胃肠道平滑肌变性、坏死。十二指肠尤为严重。肌胃变性是病禽的共同特征，幼禽尤为严重，肌胃表面尤其切面上可见大面积地图样灰白色坏死灶。

（4）肝脏营养不良、变性及坏死。仔猪、雏鸭表现严重，俗称“花肝病”。肝脏表面、切面见有灰、黄褐色斑块状坏死灶，间有出血。

（5）胰腺。幼禽胰腺的变化具有特征性。眼观体积小，宽度变窄，厚度变薄，触之硬感。病理组织学所见为急性变性、坏死，继而胞质、胞核崩解，组织结构破坏，坏死物质溶解消散后，其空隙显露出密集、极细的纤维并交错成网状。

（6）淋巴器官。胸腺、脾脏、淋巴结（猪）、法氏囊（禽）可见发育受阻以及重度的变性、坏死病变。

3. 临床表现

硒缺乏症共同性基本症状：包括骨骼肌病所致的姿势异常及运动功能障碍；顽固性腹泻或下痢为主症的消化功能紊乱；心肌病所造成的心率加快、心律失常及心功不全。不同畜禽及不同年龄的个体，还各有其特征性临床表现。

1～2 周龄幼禽仅见精神不振，不愿活动，食欲减少，粪便稀薄，羽毛无光，发育迟缓，而无特征性症状；至 2～5 周龄症状逐渐明显，胸腹下出现皮下水肿，呈蓝（绿）紫色，运动障碍表现喜卧，站立困难，垂翅或肢体侧伸，站立不稳，两腿叉开，肢体摇晃，步样拘谨、易跌倒，有时轻瘫；见有顽固性腹泻，肛门周围羽毛被粪便污染。如并发维生素 E 缺乏，则显现神经症状。雏鸭表现食欲缺乏，急剧消瘦，行走不稳，运步困难，以后不能站立，卧地爬行，甚至瘫痪，羽毛蓬乱无光，喙苍白，很快衰竭致死。

4. 诊断

依据基本症状群，结合特征性病理变化，参考病史及流行病学特点，可以确诊。

对幼龄畜禽不明原因的群发性、顽固性、反复发作的腹泻，应给以特殊注意，进行补硒治疗性诊断。

5. 预防

在低硒地带饲养的畜禽或饲用由低硒地区运入的饲粮、饲草时，必须普遍补硒。当前，简便易行的方法是应用硒饲料添加剂，硒的添加量为 0.1～0.2mg/kg。

第四章　鸭鹅常见中毒病

一、T－2毒素中毒

T－2毒素是单端孢霉烯族化合物（trichothecenes）中的主要毒素之一。T－2毒素中毒以拒食、呕吐和腹泻等胃肠炎症状、出血性素质以及产蛋量骤降为主要临床特征。

1. 临床表现

鸭、鹅中毒后自主性活动减少，生长发育缓慢，可视黏膜浅淡或发绀，羽毛变尖，食欲大减或废绝，饮欲增加，胃肠机能障碍，唇、喙、口腔、舌及舌根乳头、嗉囊和肌胃糜烂、溃疡和坏死。腹泻，体温升高，增重降低，瘦弱，产蛋量骤降以及后期的广泛性出血，并出现异常姿势等各种神经症状。

2. 病理变化

畜禽剖检均以口腔、食管、胃和十二指肠炎症、出血、坏死等为主要病变。同时肝脏、心肌、肾脏等实质器官出血、变性和坏死。野鸭可在消化道尤其是口咽和腺胃形成干酪样坏死斑。

病理组织学检查，淋巴结、胸腺、法氏囊（禽）、骨髓等组织细胞呈严重的退行性变化，与放射病损伤近似。

3. 诊断

根据流行病学、临床症状、血液学检验和病理变化等特点，可建立初步诊断。必要时，可进行真菌毒素中毒病的一系列检验。

4. 治疗

T－2 毒素中毒与其他真菌毒素中毒一样，尚无特效药物。当怀疑T－2 毒素中毒时，除立即更换饲料外，应尽快投服泻剂，清除胃肠道内的毒素。同时，要静脉注射高渗和等渗葡萄糖溶液、乌洛托品注射液和强心剂等，施行对症治疗。

5. 预防

本病的综合性预防措施，基本上同玉米赤霉烯酮中毒，可参照应用。

二、黄曲霉毒素中毒

黄曲霉毒素是黄曲霉等真菌特定菌株所产生的代谢产物，广泛污染粮食、食品和饲料，对人、禽、畜的健康危害极大。黄曲霉毒素中毒是其靶器官肝脏损害所表现的一种以全身出血、消化障碍和神经症状为主要临床特征的中毒病。

自 1960 年英国发现“火鸡的 X 病”即黄曲霉毒素中毒病以来，美国、巴西、前苏联、印度、南非等国家相继发生。我国江苏、广西、贵州、黑龙江、天津、北京等省（市、区）也相继见有畜禽发病的报道。

1. 病因

致病因素为黄曲霉毒素（aflatoxin，AFT）。文献曾介绍：能产生黄曲霉毒素的真菌有黄曲霉（*Aspergillus flavus*）、寄生曲霉（*A. parasiticus*）、温特曲霉、黑曲霉、米曲霉、软毛青霉等 20 多种。

但现今研究证实，只有黄曲霉和寄生曲霉能产生黄曲霉毒素。而且，自然界分布的黄曲霉中，仅有 10% 菌株能产黄曲霉毒素。产毒菌株的比例，近年有明显上升的趋势。

黄曲霉毒素的分布范围很广，除粮食、饲草、饲料外，在肉眼看不出霉败变质的食品和农副产品中，也可检测出。花生、玉米、黄豆、棉籽等作物及其副产品易感染黄曲霉，含黄曲霉毒素量较多。此外，黄曲霉毒素有很强的致癌性。

2. 临床表现

以雏鸭最为敏感，患病雏鸭食欲丧失，步态不稳，共济失调，颈肌痉挛，在角弓反张状态下急性死亡。冠色浅淡或苍白，腹泻的稀粪中常混有血液。成年鸭多为慢性中毒，呈现恶病质，产蛋率和孵化率降低，伴发脂肪肝综合征（图4－1）。

图4－1　出现弓背和尾下垂

（图片引自陈伯伦《鸭病》）

3. 病理变化

中毒家禽，肝脏有特征性损害。急性型，肝脏肿大，弥漫性出血和坏死。亚急性和慢性型，肝细胞增生、纤维化和硬变。病程在1年以上的，常出现肝细胞瘤、肝细胞癌或胆管癌。正常雏鸭孵出后肝脏有较大量脂质，但在孵出后4～5天逐渐消失，而中毒时肝脏脂质消失延迟。另外，还有膜性肾小球肾炎和透明状肾病，一定程度的腹水和内脏水肿以及卡他性肠炎，尤其是十二指肠炎等病理变化（图4－2）。

4. 治疗

无特效解毒药物和疗法。

图 4-2　肝呈土黄色，有硬块，肝质地硬化

（图片引自陈伯伦《鸭病》）

应立即停止饲喂致病性可疑饲料，改喂新鲜全价日粮，加强饲养管理。重症病例，可投服人工盐、硫酸钠等泻药，清理胃肠道内的有毒物质。同时，注意解毒、保肝、止血、强心，应用维生素 C 制剂进行对症治疗。

5. 预防

要点在于饲料防霉、去毒和解毒 3 个环节。饲料里加拌抗真菌药可以抑制黄曲霉生长。用量是：每千克饲料加龙胆紫 0.5 ~ 1.5g，丙酸 0.5 ~ 1.5g/kg，或噻唑苯咪 100ml/kg。另外，饲料加入少量抗菌药可降低黄曲霉毒素中毒的发病率。

三、有机磷农药中毒

有机磷农药中毒是由于鸭接触、吸入有机磷农药或误食有机磷农药污染的饮水、蔬菜、青草及其农作物引起鸭、鹅的一种中毒性疾病。临床上主要见于放养鸭群、鹅群，中毒后常呈急性经过，由于抑制禽体内胆碱酯酶的活性，导致神经、生理紊乱，表现为流涎、腹泻、瞳孔缩小、抽搐等胆碱能神经兴奋症状。

1. 病因

有机磷农药常见的有甲胺磷、对硫磷、乐果、敌百虫、敌敌畏、马拉硫磷等。鸭、鹅常采食或误食喷洒有机磷农药的农作物、牧草、蔬菜以及污染的饮水等引起中毒。有时使用敌百虫等，驱杀禽体外寄生虫时由于用药浓度过大或方法使用不当引起中毒。

2. 临床表现

禽中毒后常急性发作，口流涎沫，突然拍翅、抽搐死亡，病程稍长的可表现流涎、流泪、瞳孔缩小、运动失调、两肢麻痹、下痢、呼吸困难、肌肉震颤、抽搐等症状，常在发病后数分钟内死亡（图 4 –3、图 4 –4）。

图 4 –3　急性中毒死前瞳孔散大，口腔流水

（图片引自陈伯伦《鸭病》）

3. 病理变化

剖检无明显特征性病变，可见肝脏肿大、淤血、肠道黏膜弥漫性出血、黏膜脱落、肌胃内有大蒜臭味。

4. 诊断

根据临床症状，结合摄入有机磷农药的病史以及嗉囊、胃肠内容物有大蒜臭味，胃肠黏膜、浆膜出血等症状，可作进一步

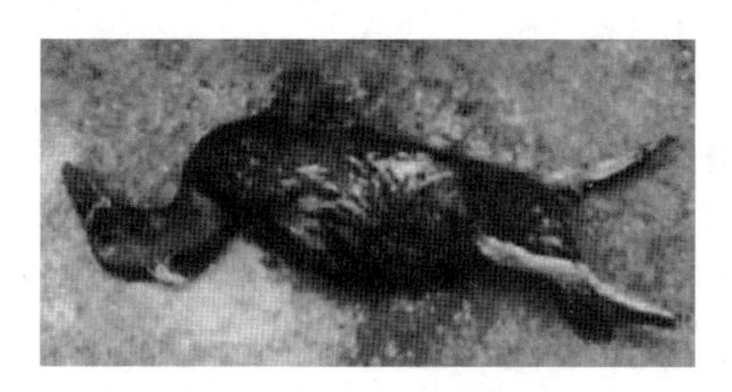

图 4－4　急性中毒濒死前到底抽搐，两指伸直

（图片引自陈伯伦《鸭病》）

诊断。

5. 治疗

治疗原则：立即实施特效解毒疗法，同时尽快除去尚未吸收的毒物。对于中毒鸭、鹅应及时抢救，对症治疗，立即应用阿托品肌内注射，每只 0.5mg，同时，应用胆碱酯酶复活剂——解磷定或氯磷定，每只肌内注射 1.2ml。

6. 预防

加强对农药的保管，防止误食农药污染的稻谷、饲料、饮水。禁止到喷洒过农药的地域放牧。

四、砷中毒

可引起人和动物中毒的砷剂有路易氏气（Lewisite，氯乙烯二氯胂）毒剂和作为杀虫剂或灭鼠剂的含砷农药。

1. 病因

砷剂接触皮肤，有两种情况。砷浓度过高，会造成局部坏死而无全身症状；砷浓度较低，则迅速吸收疏散，引起全身中毒，而皮肤不发生坏死。当砷含量较低而造成慢性中毒时，砷剂主要蓄积于肝、肾和胃肠壁。其中，最突出的是胃肠道损害，微血管通透性增强，血浆及血液外渗，导致黏膜和肌层分离剥脱，胃肠壁出血、水肿和炎症。

2. 诊断

依据消化紊乱为主、神经障碍为辅的综合征，结合接触砷毒的病史，不难作出诊断。必要时可采取饲料、饮水、乳汁、尿液（不少于1L）、被毛以及肝、肾、胃肠（连同内容物）等送检以测定砷含量。

3. 预防

无治疗价值，严格毒物保管制度，防止含砷农药污染饲料和饮水，并避免误食。

五、铅中毒

铅中毒，是动物中最常见的一种矿物质或重金属中毒病。以流涎、腹泻、腹痛等胃肠炎症状，兴奋躁狂、感觉过敏、肌肉震颤、痉挛、麻痹等神经症状（铅脑病）以及铁失利用性贫血为其临床特征。

1. 临床表现

铅的毒性作用主要表现在4个方面：铅脑病（lead encephalopathy），胃肠炎，外周神经变性和贫血。禽铅中毒主要表现精神不振，食欲缺乏，消瘦，嗜渴，软弱无力，运动失调，继而兴奋和衰弱，产蛋量和孵化率降低。

2. 诊断

论证诊断依据包括：长期小量或一次大量的铅接触摄入病史，铅脑病、胃肠炎、铁失利用性贫血、外周神经麻痹组成的临床综合征；确定诊断必须依靠血、毛、组织的铅测定。血铅含量 >0. 35 ~1. 2mg/kg（正常为0. 05 ~0. 25mg/kg）。

3. 治疗

急性铅中毒，常不及救治而迅速死亡。慢性铅中毒可使用特效解毒药实施驱铅疗法。乙烯二胺四乙酸二钠钙（$CaNa_2ED$-

TA），即依地酸二钠钙或维尔烯酸钙（calcium versenate），剂量为110mg/kg，配成12.5%溶液或溶于5%葡萄糖盐水100～500ml，静脉注射，每日2次，连用4天为一疗程。休药数日后酌情再用。同时适量灌服硫酸镁等盐类缓泻剂，有良好效果。

4. 预防

防止动物接触铅涂料。

六、亚硝酸盐中毒

亚硝酸盐中毒，是富合硝酸盐的饲料在饲喂前的调制中产生大量亚硝酸盐，造成高铁血红蛋白血症，导致组织缺氧而引起的中毒。

1. 临床表现

临床特点包括起病突然，黏膜发绀，血液褐变，呼吸困难，神经紊乱和病程短促。

2. 诊断

应依据黏膜发绀、血液褐变、呼吸高度困难等主要临床症状，特别短急的疾病经过以及起病的突然性、发生的群体性、与饲料调制失误的相关性，果断地作出初步诊断，并火速组织抢救，通过特效解毒药美蓝的即效高效，验证诊断。必要时，可在现场作变性血红蛋白检查和亚硝酸盐简易检验。

3. 治疗

小剂量美蓝是亚硝酸盐中毒的特效解毒药，具有药到病除、起死回生的作用。

七、五氯酚中毒

五氯酚（PCP），常用者为其钠盐，称五氯酚钠。1936年始用作木材防腐剂，1940年又用为除草剂。五氯酚有关的化合物很多，应用范围甚广，现已作为杀真菌剂、杀菌剂、灭螺剂和落叶剂等方面。商品五氯酚常污染有毒杂质如氯化二苯－P－二恶英和氯二苯呋喃。五氯酚对人畜均有毒性。

氯酚可使大脑充血水肿、神经节细胞核发生凝固、萎缩以及体温调节中枢机能障碍。机体因乏氧和“过热”而死亡。

1. 临床表现

一次食入大量氯酚，可不显前驱症状即突然死亡。吸入多量五氯酚，可致咳嗽，流浆性鼻液，呼吸困难，听诊有罗音。若长期而多量地接触，可引起接触性皮炎。同时，表现结膜潮红，流泪。

2. 病理变化

死后数分钟即尸僵。接触五氯酚的皮肤充血、水肿以至坏死。胃肠黏膜充血、水肿和坏死，浆膜有淤斑。

3. 治疗

无特效解毒药，可对症处理。口服中毒之初，可用5%碳酸氢钠溶液洗胃，后用盐类泻剂导泻。

4. 预防

不应在饮用水源处施用五氯酚。勿用新近以过量五氯酚处理的木制围栏圈养畜禽。

八、食盐中毒

1. 病因

发病原因主要是饲料中食盐添加量过多（正常可以加0.5%的盐），或采食了含盐多的鱼粉、肉粉、酱渣，或在饮水中添加了食盐以及过度限制了饮水等因素。当鸭的日粮中食盐量超过3%，饮水中含盐量超过0.5%或每千克体重一次吃入食盐超过4g时，都可以引起食盐中毒。鸭子对食盐比较敏感，在饲料中加入2%的食盐会抑制幼鸭生长，降低母鸭的产蛋率和蛋的孵化率。

2. 临床表现

发生食盐中毒时，疾病的严重程度，取决于食盐的采食量和时间的长短。轻的表现为口渴、食欲减少、精神不振、生长发育受阻，严重者食欲废绝、极度口渴、嗉囊扩张膨大、口鼻流出黏性分泌物、运动失调。有的出现神经症状，后期呼吸困难，抽搐、衰竭而死。幼鸭表现不断鸣叫，盲目冲撞。

3. 病理变化

剖检发现嗉囊中充满黏液性液体，黏膜脱落。腺胃黏膜充血，表面有时形成假膜。小肠发生急性卡他性肠炎或出血性肠炎，黏膜充血发红，有出血点。有时可见皮下组织水肿，腹腔和心包囊中有积水，肺发生水肿。心脏有出血点，肾脏肿大。

4. 防治

发现食盐中毒时立即停喂食盐、含盐多的饲料或饮水，大量供给患禽清洁饮水，中毒不严重者可以恢复。平时注意饲料或饮水中添加食盐量不能过量。

九、一氧化碳中毒

1. 病因

多发生于育雏期，由于运输途中汽车排出的废气或者育雏室内通风不良或煤炉未装置烟筒或烟筒火道漏气等因素，造成空气中的一氧化碳浓度（0.04% ~0. 05%）增高而引起雏禽中毒，甚至造成大量死亡。

2. 临床表现

急性中毒的症状为病雏不安、嗜睡、呆立、呼吸困难、运动失调。随后病雏不能站立、倒于一侧、头向后伸。临死前发生痉挛和惊厥。病理解剖可能发现嘴部发紫。亚急性中毒时，病雏羽毛松乱、食欲减少、精神萎顿、生长缓慢。急性中毒主要变化是内脏尤其是肺和血液呈樱桃红色。

3. 防治

育雏室用煤炉和火道取暖时，最好有排放煤气的烟囱，避免用明火炉供温装置，并防止烟囱和火道煤气泄漏。雏鸭、雏鹅一旦有中毒现象，应立即打开窗户，加强通风，同时也要防止雏禽受凉。轻度中毒的雏鸭、雏鹅会很快恢复。

十、高锰酸钾中毒

高锰酸钾是常用的消毒药和外用药，广泛用于鸭、鹅的饮水、饲养用具、种蛋、伤口的消毒。

1. 病因

本品为一种强氧化剂，当饮水中浓度达到0.03%时对消化道黏膜就有一定腐蚀性，浓度为0.1%时，可引起明显中毒。其毒性作用除损伤黏膜外，还损害肾、心和神经系统。因此当用其消毒种蛋、皮肤时，宜用0.1%浓度，而让鸭饮服时，只能用0.01%～0.02%的浓度。用量过大时会出现中毒。

2. 临床表现

中毒鸭、鹅呼吸困难，腹泻。严重中毒的鸭、鹅常于1天内死亡。剖检可见口腔、舌和咽部黏膜变为紫红色，并发生水肿，整个消化道黏膜都有腐蚀现象和轻度出血，严重时嗉囊黏膜大部脱落。

3. 防治

对中毒鸭、鹅应供给充足的洁净饮水，一般经3～5天可逐渐康复；必要时于饮水中酌加鲜牛奶或奶粉，对消化道黏膜有一定的保护作用。为防止本病的发生，饮水消毒量不能超过0.01%～0.02%。

十一、磺胺类药物中毒

磺胺类药物中毒，磺胺类药物是一类化学合成的抗菌药物。

有着较广的抗菌谱，对某些疾病疗效显著，性质稳定易于储藏，特别是药品生产不需消耗粮食，结合我国兽医具体情况，适于更为广泛地使用此类药物。但是，此类药物的副反应比用抗生素稍多，甚至引起中毒。

1. 病因

临诊上常用的磺胺药剂分为两类。一类是肠道内容易吸收的如磺胺嘧啶（SD）、磺胺二甲基嘧啶（SM2）、磺胺间甲氧嘧啶（SMM）、磺胺喹曝啉（SQ）和磺胺甲氧嗪（SMP）等；另一类是肠内不易吸收的如磺胺脒（SG）、酞磺胺噻唑（PST）及琥珀酰磺胺噻唑（SST）等。前一类药物比较容易引起急性中毒。

在防治家禽寄生原虫病中，常用 SMM、SM2 和 SQ 等这一类药。用药过程中，要求必须使用足够的剂量和连续用药，才能收效，否则，原虫容易产生抗药性，并将这种抗药性能遗传好几代。有些磺胺药的治疗量与中毒量又很接近。因此，用药量大或持续大量用药、药物添加饲料内混合不均匀等因素都可能引起中毒。

2. 临床症状

病鸭、病鹅表现为精神沉郁，全身虚弱生长发育停滞、贫血、食欲缺乏或废绝，渴欲增强，呼吸急促，可视黏膜感染，贫血，翅下有皮疹，大便拉稀，呈暗红色，引起肾脏病变的常排出带有多量尿酸盐的粪便。成年鸭产蛋量急剧减少，出现软壳蛋，部分死亡（图 4－5、图 4－6）。

3. 病理变化

主要可见各种出血性病变，皮下、胸肌及大腿内侧肌肉斑状出血；肝脏肿大，紫红或黄褐色，有出血斑点；肾脏肿大呈土黄色，有出血斑；输尿管变粗，充满白色尿酸盐；腺胃黏膜、肌胃角质膜下及小肠黏膜出血（图 4－7 至图 4－10）。

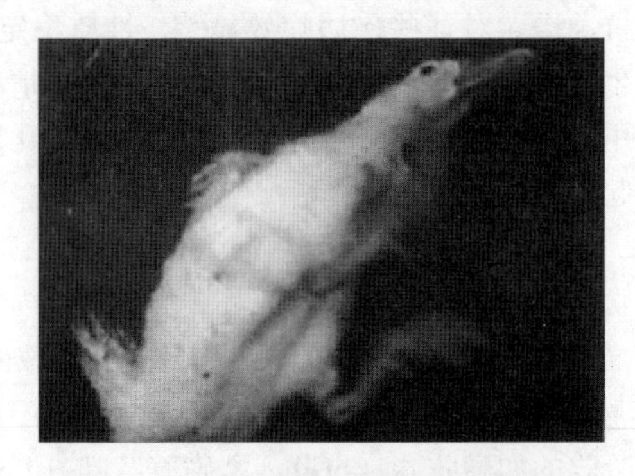

图 4－5　中毒后倒地抽搐，出现神经症状

（图片引自陈伯伦《鸭病》）

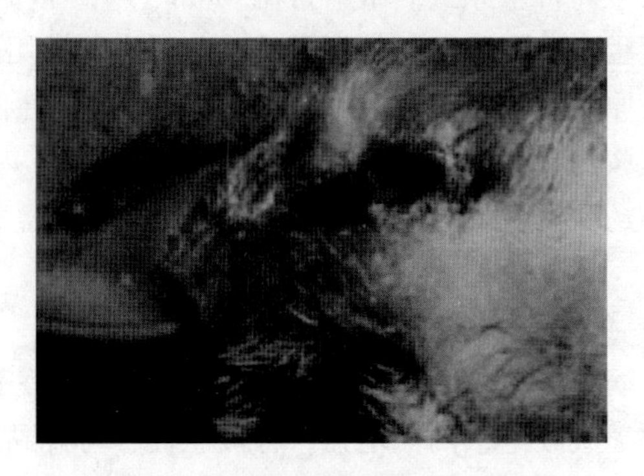

图 4－6　眼内流出带血分泌物

（图片引自陈伯伦《鸭病》）

4. 诊断

主要根据病史调查，是否应用过磺胺类药物，用药的种类、剂量、添加方式、供水情况、发病的时间和经过。还要现场观察临诊症状及病禽剖检病理变化，进行综合分析即可得出诊断。若需要追究磺胺药中毒的法律责任时，应对可疑饲料和病禽组织进行毒物检验分析。请有关检验部门严格取样和科学化验分析。磺

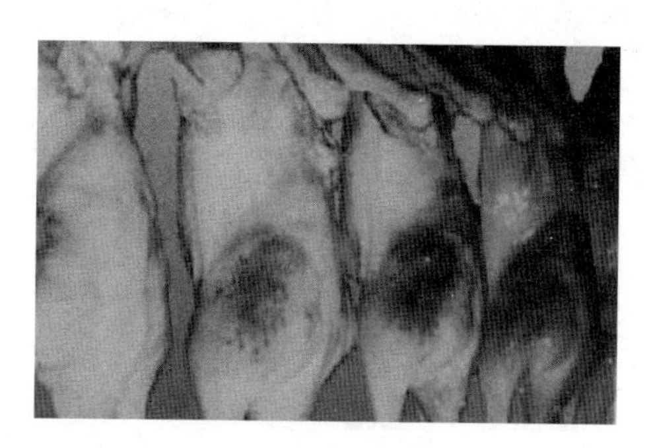

图 4－7 腿肌出血

（图片引自陈伯伦《鸭病》）

图 4－8 胸壁出血

（图片引自陈伯伦《鸭病》）

胺药物在病禽组织内是稳定的，即使停药后仍然可在组织中残留几天。肌肉、肾或肝中磺胺药含量超过 2×10^{-5}，就可诊断为磺胺药中毒。

5. 防治

要以预防为主，为了防止用磺胺药引起鸡群中毒，应严格选择好适宜的毒性小的磺胺药，控制好剂量、给药途径和疗程，并在给药期间增加饮水量，保证供应适宜温度的饮水。发病动物可

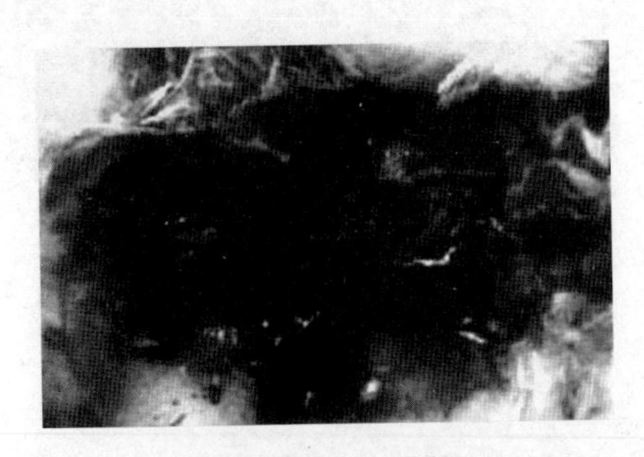

图 4-9　肾脏肿大，出血，腹腔有凝固不良血液

（图片引自陈伯伦《鸭病》）

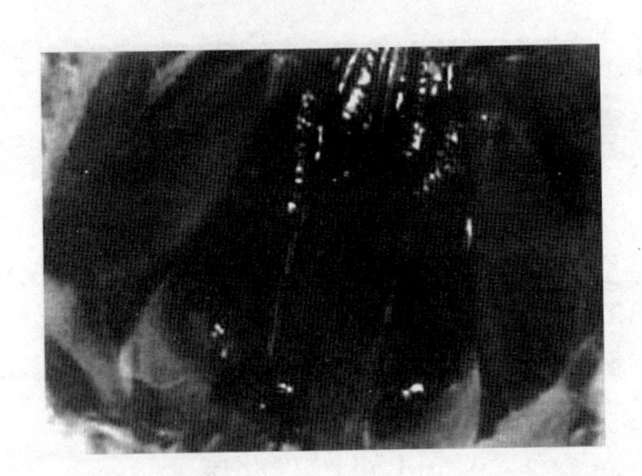

图 4-10　肾脏肿大，呈花斑状，肾小管有尿酸盐

（图片引自陈伯伦《鸭病》）

以选择维生素 K 进行治疗。

十二、甲醛中毒

甲醛作为一种消毒剂，能使蛋白质变性，呈现强大的杀菌作用，主要用于各种物品的熏蒸消毒，也可用于浸泡消毒和喷洒消毒，能杀死繁殖型细菌，且能杀死芽孢、病毒和真菌。但是如果使用不当，就会引起甲醛中毒。

1. 病因

主要因使用甲醛（福尔马林）和高锰酸钾熏蒸消毒后，缺乏足够的时间开门窗把余气排净。尤其在低温时虽有余气而无刺激气味，而当禽舍温度升高时甲醛气蒸发，而引起中毒。也见于错误使用甲醛带禽消毒时。

2. 症状

急性中毒时，鸭、鹅精神沉郁，食欲、饮欲均明显下降，眼流泪、怕光、眼睑肿胀。流鼻、咳嗽、呼吸困难，甚至张口喘息，严重者产生明显的狭窄音。排黄绿色或绿色稀便。往往窒息死亡。慢性中毒时，鸭、鹅精神沉郁，食欲减退，软弱无力，咳嗽，有罗音。

3. 病理变化

喉头肿胀，肺充血、水肿。

4. 诊断

根据其有接触甲醛的病史，禽舍中应有强烈刺激性气味，已经临床症状和病理变化，可做初步诊断。

5. 防治

（1）预防。应在进雏前7天对圈舍进行熏蒸消毒，密封消毒1天后，要通风排净余气，提高圈舍温度，仍无刺激性的气味，方可进雏；严禁带鸭、鹅消毒。

（2）治疗。立即将鸭群、鹅群转移到无甲醛气体的圈舍，加强通风和保温；配合广谱抗菌药物治疗。

十三、肉毒中毒症

肉毒中毒症，又叫软颈病、肉毒中毒、西方鸭病，一种因食入含有肉毒梭菌毒素的食物或吸收了肠道内合成毒素而引起的中毒。

1. 病因

肉毒梭菌的 A、Z、E 型毒素是鸭、鹅肉毒中毒最常见的病因。常存在于土壤中和适宜环境中的产气荚膜杆菌可污染饲料产生毒素。产生乙型毒素感染的必要条件尚不清楚，但是，前提条件是肠道正常菌群的紊乱和失调。

梭状芽孢杆菌可造成大量野生水禽死亡，在美国西部、加拿大和世界各地均有发生。最近 E 型毒素引起的肉毒中毒症在密西根地区的水禽中也被发现。它发生于湖的周围和沼泽中，那里水位相对较浅且有从岸边漂浮来的腐烂植物。此地坏死的无脊椎动物是这些地区鸟类食入毒素的一种主要来源。

2. 临床症状

无特征性损伤变化。可能有轻微的肠和脾脏肿大。并不是所有的感染禽都表现颈部软弱无力，即俗称为“软颈病”。羽毛易脱落，最后常因呼吸麻痹死亡（图 4 –11 至图 4 –14）。

图 4 –11　翅膀麻痹下垂，呈“企鹅状”

（图片引自陈伯伦《鸭病》）

3. 诊断

假设性诊断可根据症状和尸体上无大的损伤来判断。确诊需

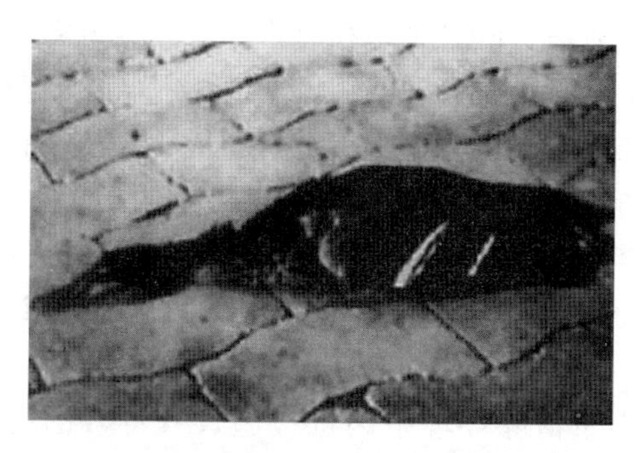

图 4-12　腿麻痹，颈麻痹松软下垂

（图片引自陈伯伦《鸭病》）

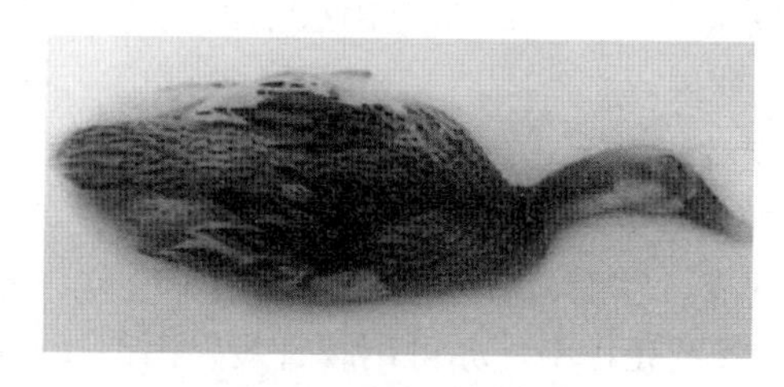

图 4-13　腿部麻痹无力站起，颈部麻痹无力抬起

（图片引自陈伯伦《鸭病》）

图 4-14　在水边无法走路或游水

（图片引自陈伯伦《鸭病》）

证实在肠道、血清、肝脏中存在有毒素。测定毒素的含量有小鼠生物分析法：试验小鼠分成两组，对照组和实验组，实验组注射被检血清样品或胃肠内容物上清液，对照组注射用特异性抗毒素处理后的血清样品，如血清中含有毒素，则实验组于注射后48h出现呼吸困难和神经麻痹症状并有死亡。如注射抗毒素可康复，亦可证明。而对照组则全部健活。亦可用琼脂扩散试验做诊断。

4. 防治

（1）要着重清除环境中肉毒梭菌及其毒素的潜在源，及时清除死鱼、烂虾、死禽和淘汰病禽，被病禽污染的一切用具均应彻底消毒并灭蝇。

（2）免疫接种，对雏成功地用灭活的肉毒梭菌进行主动免疫取得了一定效果。

（3）只能对症治疗，补充维生素E、硒、维生素A、维生素D_3等有一定疗效。如果是C型毒素中毒，有条件的可用C型肉毒抗毒素（血清）注射，有一定效果，用于珍禽。链霉素（1g/L水）应用可降低死亡率。亦可用胶管投轻泻剂（硫酸镁或蓖麻油）排除毒素，并喂糖水。

第五章　鸭鹅常见普通病

一、脂肪肝综合征

脂肪肝综合征又叫脂肪肝出血综合征，是由于饲料中营养物质过剩而某些微量营养成分不足或不平衡，造成禽体内脂肪代谢障碍而引起的一种营养代谢病。以肝脏发生脂肪变性、出血而急性死亡为特征。

1. 病因

饲料中胆碱、肌醇、维生素 E 和维生素 B 不足，使肝脏内的脂肪积存量过高；饲料中蛋白质含量偏低或必需氨基酸不足，相对能量过高，为了获得足够蛋白质或必需氨基酸，大量采食，摄入过量的碳水化合物转化为脂肪沉积于肝脏和体腔；饲料中蛋白质含量过高，与能量值不相适应，造成代谢紊乱，使脂肪过量沉积；饲料中主要使用粉末状钙质添加剂，而钙含量过低，母禽需要大量的钙来制造蛋壳而摄入过多的饲料，于是过多的饲料被吸收后转化成脂肪沉积于肝脏和体腔；饮用硬水和机体缺硒；禽群缺乏运动也是一个诱发因素；天气炎热和喂菜子饼容易诱发本病。

2. 症状

该病无明显前趋症状，鹅群无异常现象，产蛋率下降不明显，病禽往往于行走、采食或戏水时，突然扑翅而死亡。

本病多发生于 30 ~ 52 周龄的产蛋鹅，身体肥胖的鹅多见，公鹅、雏鹅及育成期鹅很少发生。本病发病率可达 25%，死亡率10%左右，多发生于冬季和早春。

病死后剖检，可见肌肉苍白，肝表面和腹腔内有大量凝血块，肝脏深褐色或黄白色，明显肿大，质脆，仔细察看可见肝脏表面有破裂痕迹。病理组织学变化主要是肝细胞变性、坏死，其他组织未见明显病变。

3. 诊断

根据流行病学、临诊症状、剖检病变确认脂肪肝综合征。

4. 防治

脂肪肝主要是由于脂肪摄入增多或肝蛋白形成减少，脂肪不能转运而在肝细胞中积聚形成脂肪肝，是一种营养代谢性疾病。因此，控制本病的发生主要在于预防。主要措施有：在冬季和早春，由于青饲料很少，给种鹅饲喂配合饲料的同时，应定时补饲一些青绿饲料，如青菜等；配合饲料组成要多样化，在饲料中添加一些能抑制脂肪肝形成的饲料如酵母、谷皮等；饲料要保持新鲜，营养要平衡、全面，产蛋初期蛋白质和能量适当可低些，在产蛋高峰蛋白质、能量可适当高些，以保证种鹅正常体重和产蛋需要；尽量减少外界的干扰、惊吓、刺激。每200kg饲料中，添加氯化胆碱150g、VE1500IU，连续饲喂15天以上。

二、痛　风

痛风又称尿酸素质、尿酸盐沉积症或结晶症，是由于嘌呤核苷酸代谢障碍，尿酸盐形成过多和/或排泄减少，在体内形成结晶并蓄积的一种代谢病，临床上以关节肿大、运动障碍和尿酸血症为特征。

1. 病因

动物性饲料过多　饲喂大量富含核蛋白和嘌呤碱的蛋白质饲料可引起本病。属于这类饲料的有，动物内脏、肉屑、鱼粉及熟鱼等。

遗传因素 动物中已发现遗传性痛风。

肾脏损伤 在禽类，尿酸占尿氮的80%，其中，大部分通过肾小管分泌而排泄。肾小管机能不全可使尿酸盐分泌减少，产生进行性高尿酸血症，以致尿酸结晶在实质脏器浆膜表面沉着，称为内脏痛风肾中毒型。

维生素A缺乏 输尿管上皮角化、脱落，堵塞输尿管，可使尿酸排泄减少而致发痛风。

2. 症状

痛风多呈慢性经过。病禽精神萎靡，食欲减退，逐渐消瘦，肉冠苍白，羽毛蓬乱，行动迟缓，周期性体温升高，心跳加快，气喘，排白色尿酸盐尿，血液中尿酸盐升高至150mg/L以上。仔鹅痛风死前体温正常，精神不振，羽毛松乱，食欲下降，少食或不食，逐渐消瘦和衰弱，喙和蹼苍白，呈贫血，粪便稀薄，呈白色糊状，肛门松弛，收缩无力，病鹅腿部关节肿胀，站立不稳。

关节型痛风 运动障碍，跛行，不能站立，腿和翅关节肿大，跖趾关节尤为明显。起初肿胀软而痛，以后逐渐形成硬结节性肿胀（痛风石），疼痛不明显，结节小如大麻子，大似鸡蛋，分布于关节周围。病程稍久，结节软化破溃，流出白色干酪样物，局部形成溃疡。尸体剖检，关节腔积有白色或淡黄色黏稠物。

内脏型痛风 多取慢性经过，主要表现营养障碍，增重缓慢，产蛋减少及下痢等症状。尸体剖检，胸腹膜、肠系膜、心包、肺、肝、肾、肠浆膜表面，布满石灰样粟粒大尿酸钠结晶。肾脏肿大或萎缩，外观灰白或散在白色斑点，输尿管扩张，充满石灰样沉淀物（图5－1至图5－4）。

3. 诊断

依据饲喂动物性蛋白饲料过多，关节肿大，关节腔或胸腹膜

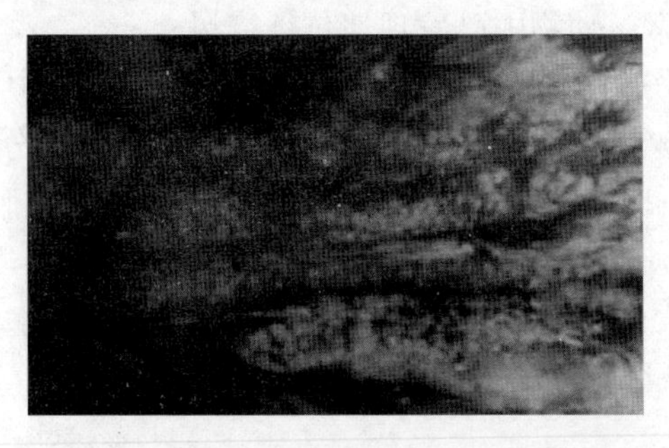

图 5-1　肾脏肿大，肾脏和气囊表面沉积石灰粉样物

（图片引自陈伯伦《鸭病》）

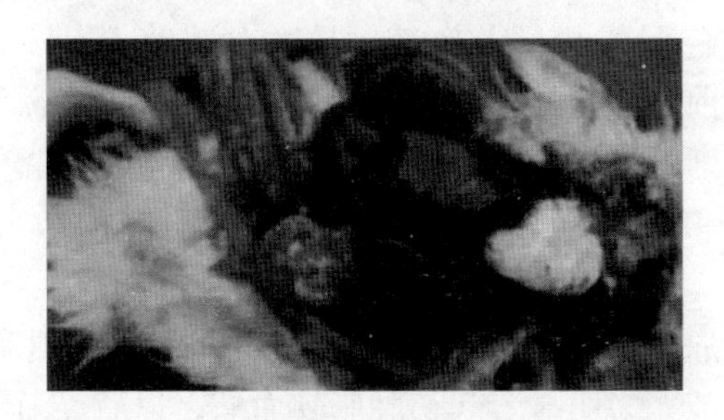

图 5-2　心脏、腺胃、肝表面沉积石灰粉样物

（图片引自陈伯伦《鸭病》）

有尿酸盐沉积，可作出诊断。关节内容物化学检查呈紫尿酸铵阳性反应，显微镜检查可见细针状或禾束状或放射状尿酸钠晶粒。

将粪便烤干，研成粉末，置于瓷皿中，加 10% 硝酸 2～3 滴，待蒸发干涸，呈橙红色，滴加氨水后，生成紫尿酸铵而显紫红色，亦可确认。

4. 防治

尚无有效治疗方法。关节型痛风，可手术摘除痛风石。为促进尿酸排泄，可试用阿托方或亚黄比拉宗，鸡 0.2～0.5g，内服，每日 2 次。

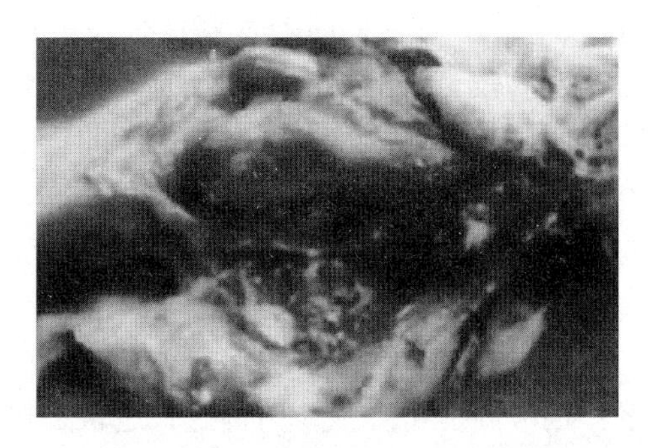

图 5－3　心脏、肺脏、腺胃、腿肌表面沉积石灰粉样物

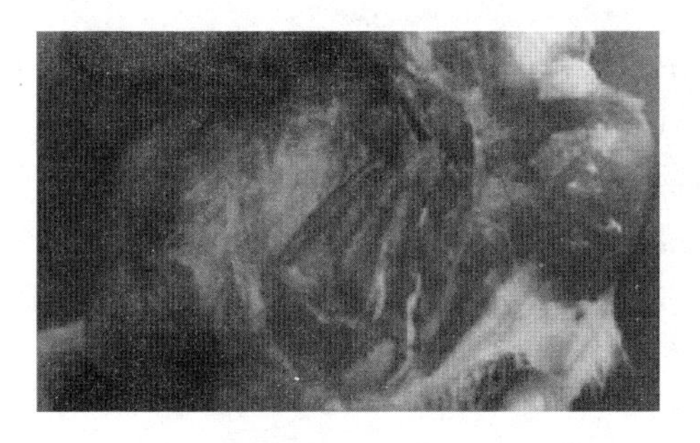

图 5－4　输卵管变粗有白色尿酸盐

（图片引自陈伯伦《鸭病》）

预防要点在于减喂动物性蛋白饲料，控制在 20% 左右。多喂青绿饲料，充足饮水中加入 5% 的食用碱或适量的高锰酸钾，促进尿酸盐的排出。停止使用肉用雏鸡料。增加日粮中的维生素（特别是维生素 A 的含量），调整日粮中的钙磷比例有一定的预防作用。

三、腹水综合征

鸭腹水综合征又名“心衰竭综合征”，是由多种因素引起鸭的一种常见的非传染性疾病，以腹部膨大、腹腔积液以及心脏扩张、肥大为特征，多发于2～7周龄发育良好、生长速度较快的肉鸭，且以公鸭发病较为常见。该病不仅有较高的致死率，而且因降低屠宰等级而影响饲养效益，对肉鸭生产的危害很大。不同地区、不同季节及不同品系的鸭，其发病率和死亡率存在较大的差异。该病的发生具有明显的季节性，寒冷的季节发病率较高，常给我国养鸭业造成巨大的损失。

1. 病因

营养因素：饲喂高能量日粮，肉鸭生长过快，机体因缺氧而发病；饲喂高油脂饲料，特别是有毒的饼粕类饲料，更易引发此病。

环境因素：如温度过低，饲养密度过大，通风不良，舍内二氧化碳、一氧化碳浓度过高等。

毒物因素：黄曲霉毒素中毒，食盐、痢特灵中毒等。

遗传因素：某些细菌、病毒引起的肝淀粉样病变或肝硬化。

微量元素缺乏：缺硒造成的白肌病和维生素E缺乏，会加重腹水症的发生。

2. 症状

初期症状表现为精神萎顿，羽毛蓬乱，喜卧，不愿走动，行动迟缓，站立困难；腹部膨大，触之松软有波动感，腹部着地呈企鹅状，腹部皮肤变薄发亮，羽毛脱落，腹腔穿刺流出透明清亮的淡黄色液体。个别鸭群会出现腹泻不止，粪便呈水样，捕捉时易抽搐死亡。严重病鸡的冠和肉髯发绀，缩颈，呼吸困难。发病3～5天后开始零星死亡。

3. 病理变化

剖检可见喙缘、脚蹼骨骼肌发绀；最明显的病变为腹腔内有大量黄色渗出液体，渗出液中常混有黄色纤维素凝块和胶冻团块；肝脏肿大或萎缩，质地变脆或发硬。另外，还可见心包膜增厚、心包积液、心脏肿大，右心扩张、柔软，心壁变薄，肺淤血或水肿等。

4. 诊断

根据病鸭的临床症状、病理变化可作出诊断。

5. 防治

改善饲养环境　首先，要注意鸭舍内的环境卫生，保证鸭舍内部干净卫生、空气流通，提供足够的氧气。尽量减少氨气、二氧化碳等有害气体的产生，同时，尽可能将这些气体排出鸭舍外。并且根据季节气候变换，及时调整通风与保温之间的矛盾，人为地为鸭群创造一个最佳的生长环境。

科学配制日粮　科学合理地配制饲料，饲料供应量要以满足肉鸭生长活动需要的能量即可，不要过多喂食能量饲料。可以适当地在饲料中加入一些维生素 C、补充钾离子以维持体内电解质平衡，在饲料中补加 0.15mg/kg 的硒。

采用具有利水作用的中草药（如车前草）、助消化药等进行对症治疗。全群投药：抗生素，连用 3 天，以防继发感染；水溶性电解多维，连用 7 天；在饲料中添加 VC500g/t 及适量碳酸氢钠。同时，服用中药“五苓散”加减：猪苓 200g、茯苓 200g、泽泻 300g、白术 200g、黄芪 200g、木香 100g、大腹皮 200g、藿香 200g，共为末，拌料，为 1 000 只中鸭 1 天用量，5 天为 1 个疗程。用药 1 个疗程后，鸭群中的病鸭数量不再增加，3 个疗程后病鸭基本康复。

四、中暑

中暑是日射病和热射病的总称，又称热衰竭，是在外界高温或高湿的综合作用下，机体散热机制发生障碍、热平衡受到损坏而引发的盛夏季节鸭较易发生的一种急性病。如果发病后未能得到及时有效地救治，可引起大批死亡，给养殖户造成较大的经济损失。

1. 病因

天气持续高温，舍内空间不高，防暑降温设施差，缺乏通风，造成舍内积聚热量散发障碍，使舍内温度高；饲养密度过大，舍内通风透气差，鸭鹅群释放热量多，使舍温升高；饮水不足或者由于夏季水温升高，池塘中的有害细菌及藻类大量繁殖造成水质恶化；不及时清粪，粪堆积后，使舍内氨气浓度增大，湿度增高，或者暴雨之后湿度增大，鸭鹅在高温、高湿情况下最易引起中暑；鸭鹅的运动场所没有遮阴设施，长时间在强烈的阳光下曝晒；饲料中能量偏高，造成鸭鹅体过胖，体内脂肪蓄积太多；患其他一些疾病或者受到其他一些应激（如雷雨、气温突变、突然改变饲料等）。

2. 症状

中暑后会出现体温升高、蹲伏不愿走动、张口呼吸或伸翅散热、烦躁不安、战栗。随后出现昏迷，麻痹、痉挛而死亡；或呼吸困难，急促，翅膀张开下垂，口渴，走路不稳或不能站立，虚脱而死亡。中暑鸭鹅在受到驱赶后又能正常跑动，但跑不了多远又出现头触地、昏迷或摇头等神经症状。剖检可见大脑实质及脑膜充血、出血，血液凝固不良，肺及卵巢充血；蛋鸭鹅的产蛋量下降，剖检可见有待产的蛋。

3. 病理变化

对刚死亡及病情较重的雏鹅进行剖检，不同程度地存在头部皮下水肿，脑膜充血，出血，心包积液，肺部充血，其他器官变化不明显。

4. 治疗

当发现鸭出现中暑症状后，应立即将鸭转入荫凉处或搭建遮阴棚、遮阳网。用电解多维或水溶性维生素 C、5% 葡萄糖粉、0. 3 ~0. 5 碳酸氢钠（小苏打）饮水，也可以在饮水或饲料中加入一些抗生素类药物，防止继发感染。在中暑鸭脚部充血的血管上，采取针刺放血。用冷水慢慢淋鸭的头部或者用鲜苦瓜叶、青蒿揉出汁灌服；用藿香正气水，每瓶对 1kg 水饮用或拌料 0.5kg，连用 3～5 天。香薷 15g、白毛根 25g、滑石粉 15g、生地黄 12g、淡竹叶 10g（供 100 只鸭、15 日龄左右）煎水后加白糖 100g，作饮水用。

5. 预防

合理设计鸭场、鸭舍，减少热量进入，并对鸭舍、屋顶、墙壁进行刷白处理；在鸭舍顶部搭建遮阴棚或盖上遮阴物，窗口上搭建防晒网，或栽种速生叶茂的树木，以及葡萄、南瓜等藤蔓类植物，让藤蔓爬满凉棚遮阴，以防止阳光直射。

敞开鸭舍门窗，加强空气流通，有条件的可安装排风扇或吊扇；在中午炎热时用清凉水冲洗圈内地面和墙壁，可降低舍内温度；有条件的可在鸭舍屋顶安装自来水喷头，向屋面洒水降温。实施带鸭喷雾消毒，不仅可有效降温，还能杀灭病原微生物，也可采用舍内地面洒水，同时，打开门窗，加大对流通风。

五、种鸭的生殖器脱垂

公鸭的阴茎脱出俗称“掉鞭”，该病多发生于母鸭产蛋期，临床表现为阴茎伸出后不能回缩，以红肿、结痂等为特征，重者因失去种用性而致淘汰，给养鸭生产带来一定的经济损失。

1. 病因

公鸭的阴茎脱垂病因较多，主要的包括如下几种原因。

（1）公鸭在配种时，阴茎被其他公鸭啄咬，而致受伤出血、肿胀，不能回缩；或交配时，阴茎落地，被粪便、泥沙等杂物污染，使回缩困难。

（2）在水中交配时，因水质污浊，使阴茎被细菌感染发炎；或被鱼类（如黑鱼）和其他浮游动物咬伤。

（3）在寒冷天气配种时，因阴茎伸出时间过长而冻伤。

（4）公鸭因生长发育不良或过老等因素而致阳痿，或因疾病等因素而致性欲降低。

（5）公母鸭比例不当，公鸭过多或过少，长期滥配。

（6）在母鸭产蛋前，公鸭未提早补充精料，营养不良，体质较差，性欲降低。

（7）患大肠杆菌病的公鸭也会发生“掉鞭”。

（8）因为光照强度过大或时间过长而致性早熟，也会造成阴茎脱出。

2. 诊断

根据临床表现，如阴茎伸出后不能回缩，以红肿、结痂等可确认本病。

3. 防治

针对上述原因，可采取如下措施。

（1）加强饲养管理，使种公鸭具有良好的体况，以有充沛的体力进行交配。

（2）在母鸭产蛋前，提早对种公鸭补充精料。

（3）鸭群中公母鸭的比例适当，可结合品种特点、年龄、体况等具体情况而定。

（4）对当年的青年种公鸭，实施科学的光照制度，防止性早熟，并在种公鸭满足一定的月龄，达到性成熟和体成熟后，进行配种或人工授精。

（5）供鸭洗浴和配种的池塘，最好是活水，保证其中的水质清洁无污染，并有一定的深度（80cm 以上），且水中放养密度不超过 1 只/m^2。

（6）搞好环境卫生，并定期对鸭舍及饲槽、水槽等设备进行消毒处理。

及时淘汰群体中有啄咬阴茎恶癖的鸭。

（7）当阴茎受伤较轻而不能回缩时，应及时将病鸭隔离治疗，用温水或0.1%的高锰酸钾溶液（38～40℃）清洗，涂以磺胺软膏或红霉素软膏，并协助受伤的阴茎收回。阴茎已经发炎或症状较重者，应同时施用抗生素或磺胺类药物以抗菌消炎，并每天用高锰酸钾溶液清洗1次。

（8）对患有大肠杆菌病而致生殖器上有结节者，有种用价值的，可予以手术法将结节切除，并加强术后护理。为避免因自然交配而致大肠杆菌继续发生和蔓延，应采取人工授精技术。

（9）对重症患鸭无治疗价值的，应立即予以淘汰。

六、脱肛

鹅脱肛是指母鹅输卵管或泄殖腔翻出肛门外的一种外产科病，多发生于初产或高产母鹅。本病可引发鹅群啄肛癖而造成大批死亡。

1. 病因

引起脱肛原因很多，常见的有如下几个方面。

后备母鹅开产后，因日粮中蛋白质水平过高，能量水平低，造成过早性成熟，使母鹅多产蛋、产大蛋乃至双黄蛋，造成产蛋困难，努责较强，导致输卵管外翻。

临近产蛋前，光照突然延长，因这个时期鹅对光十分敏感，光通过神经系统，很快使丘脑—垂体—卵巢激素轴活化而进入产蛋，而母鹅泄殖腔周围肌肉组织发育滞后，未成熟，弹性差，产蛋后泄殖腔外翻脱出，不能复位。

开产鹅鹅体过肥，腹部脂肪过多，耻骨间与下腹部沉积的脂肪较多，一方面腹肌收缩力减弱；另一方面造成产道窄，部分受阻，产蛋时引起强度努责。

继发输卵管炎或泄殖腔炎：由念珠菌等真菌感染而引起的泄殖腔炎，由大肠杆菌、沙门氏杆菌等感染而引起的输卵管炎都会形成慢性刺激而导致异常努责，产蛋时造成脱肛。

鹅人工授精时工作人员操作方法不当，如翻肛时用力过猛或操作时间过长，使翻出体外的泄殖腔不易复位；输精时，输精器消毒不严或器械造成泄殖腔或输卵管损伤发生炎症而继发脱肛。

中医认为脱肛是中气下陷的一种表现，由气血不足，真元不固所致。

2. 症状

患鹅可见肛门周围的羽毛湿润，自肛门内翻出数厘米充血、肿胀发红的输卵管或泄殖腔，时间稍长，脱出部分颜色变为暗红、发绀，如不及时治疗，会引起炎症、水肿、溃疡、坏死，严重的死亡或鹅群发生啄肛癖，影响产蛋，是一种不容忽视的疾病。

3. 诊断

根据显著的临床症状可确定本病的发生。

4. 预防

本病预防可根据发病原因，采取下列措施。

（1）进入初产期的鹅，特别是体重偏轻时，要在饲料中加补中益气散。

（2）按照饲养标准，合理搭配饲料，不能随便增加蛋白质及喂量，加强运动，防止开产母鹅过肥。

（3）严格控制光照时间和光照强度，避免光刺激过强而诱发本病。及早治疗鹅输卵管炎或泄殖腔炎，对病鹅早期隔离。

5. 治疗

对本病治疗，可采取将泄殖腔周围羽毛剪去，用明矾水冲洗后，在被啄破处撒布白糖樟脑粉，使之复位；为防止再次脱出，可用1%普鲁卡因溶液作局部麻醉，并于肛门上缝合。

七、皮下气肿

皮下气肿，俗称“气嗉子”或“气脖子”，是幼鹅等幼龄家禽的一种常见疾病，多发生于1～2周龄以内的幼鹅。由于大量空气窜入颈部皮下引起颈部臌气，用手按压皮下气肿的皮肤，可引起气体在皮下的组织内移动，可出现海绵样感觉、捻发感或握雪感。临床以呼吸困难、颈部羽毛逆立、胸腹围增大为主要特征。

1. 病因

（1）管理不当。饲养密度过大，饲槽和饮水器具安排不合理，使家禽相互拥簇，致使气囊破裂，气体溢于皮下引起皮下气肿。

（2）粗鲁捕捉。粗鲁捕捉可致使颈部气囊或锁骨下气囊及腹部气囊破裂，或因其他尖锐异物刺破气囊。

（3）骨折。肱骨、乌喙骨和胸骨等有气腔的骨骼发生骨折，使气体积聚于皮下。

2. 临床表现

患禽精神沉郁、呆立、呼吸困难、颈部羽毛逆立、胸腹围增大、饮食欲废绝、衰竭死亡。

颈部气囊破裂　可见颈部羽毛逆立。轻者气肿局限于颈的基部，重者可延伸到颈的上部，且在口腔的舌系带下部出现臌气泡。

腹部气囊破裂　视诊胸腹围增大，触诊腹壁紧张，叩诊呈鼓音。

呼吸道的先天性缺陷。

3. 诊断

皮下组织肿胀，按压皮肤有气体在皮下组织内移动，可出现海绵样感觉、捻发感或握雪感。颈部羽毛逆立，胸腹围增大，触诊腹壁紧张，叩诊呈鼓音。

4. 防治

本病的防治原则以预防为主、治疗为辅。及时控制气体的来源，及时除去引起气肿的因素。主要有以下几点：①合理控制饲养密度，抓取捕捉时控制力度，避免损伤气囊；②合理安排饲槽和饮水器具，合理制定饲喂时间及饲喂量，避免因过饥造成乱群现象；③创造良好的舍内环境，避免惊群、乱群现象。

发生皮下气肿后，可采取以下措施：①用无菌注射器进行抽气，或用无菌注射针头进行穿刺放气；②用烧红的铁条在膨胀部位烙个破口，放出空气。注意无菌操作和术部的消毒，防止继发感染。

对于因呼吸道的先天性缺陷和骨折引起气肿的家禽，一般无治疗价值，应及时淘汰。

八、异食癖

鸭鹅的异食癖又称为啄癖，是鸭或鹅之间相互啄食羽毛或器官的疾病，任何日龄及品种的鸭鹅都可发生。在养禽业中，啄癖症是频繁发生的一种病，严重的啄癖病会影响到禽类养殖业的生产。

1. 病因

营养因素：饲料营养成分不全、不足或其比例失调。如蛋白质和含硫氨基酸缺乏，是造成啄羽癖的重要原因；维生素 B 族或维生素 D 缺乏；矿物质或微量元素缺乏如钙磷不足或比例失调，钠、硫、铁、锰、锌、铜、碘、硒等无机元素缺乏；饲料中粗纤维含量偏低，缺乏食盐、饮水不足均可引起啄癖。

生理因素：雏鹅对外界环境产生好奇感，东啄啄，西啄啄，继而互啄或自啄身上的杂物及绒毛。到性成熟时，由于体内激素的逐渐增加，从而诱发啄癖。换羽过程中，由于皮肤有痒感，导致发生自啄，同群其他鹅只也跟着效仿自啄或互啄，最后形成啄癖。

（1）管理因素。

①群体饲养密度过大，温度过高，通风不良，闷热潮湿，清洁卫生较差，空气中氨气、硫化氢及二氧化碳等不良或有害气体浓度上升，破坏了机体的生理平衡。

②育雏室光源不足或光线太强均易诱发啄癖。

③不同品种、日龄和体质的鹅混群饲养，饲喂不及时，或饲料突然变换，或食槽放置失当，抢食不到饲料而饥饿或食不饱，引起大欺小，强凌弱，导致发生啄癖。

④周围环境噪音太大，突然的惊吓等应激因素也易诱发啄癖。

⑤食槽、饮水器不足，拾蛋不勤，尤其是饲养人员不够细心未及时拣出破、裂蛋等因素均可诱发啄癖。

（2）疾病因素。雏鹅易患沙门氏菌病、禽副伤寒、大肠杆菌病，患病雏鹅的肛门及其周围的羽毛常常黏附着白灰样粪便而引起其他雏鹅互相啄羽。体外寄生虫的侵袭，使皮肤受损，或有创伤，易诱发啄癖。

2. 症状

鸭鹅异食癖有强迫叼啄他禽，相互叼啄和自行叼啄等 3 种形式，其中，以强迫叼啄他禽为主要形式。啄癖在临床上有以下几种类型。

啄肛癖多发生在雏鸭初产蛋鸭和产大蛋鸭。啄肛对鸭群的危害很大，有的可将腹腔内脏啄出来。

啄蛋癖多发生在产蛋鸭中，啄蛋鸭见到产蛋箱内或地面上的鸭蛋即行叼啄。

啄羽癖主要是啄羽部位以被羽为最多，其次以头羽、尾羽，在鸭中较多发生。

啄异物癖，此现象主要叼啄饲具、墙壁等（图 5－5、图 5－6）。

图 5-5　翼部的飞羽和覆羽已经部分脱落

（图片引自陈伯伦《鸭病》）

图 5-6　羽毛凋零，多处皮肤被啄出血

（图片引自陈伯伦《鸭病》）

3. 诊断

该病可根据鸭鹅的临床表现，如啄肛，啄羽或啄蛋等来确认，至于其发病原因需要具体分析。

4. 预防

加强饲养管理，根据雏鹅的年龄、生产用途、生产性能等各方面情况，供应含有足够的蛋白质、维生素和无机元素的全价饲料，切实掌握好各种氨基酸的平衡。不能过分拥挤，多放牧。保持良好的饲养环境。消除各种不良因素和应激源的刺激。

5. 治疗

鸭群一旦发生本病，要立即将被啄鸭隔离饲养，尽快找到原因，采取相应的措施。

如果因饲料中蛋白质和氨基酸不足，可补充豆饼和鱼粉，并添加多种微量元素、维生素及微生态制剂；每天每羽雏给 0.5～1g 石膏粉，每羽成年鸭给 1～3g，内服；或加喂骨粉或贝壳粉。

对肛门出血的被啄鸭，可用 0.1% 高锰酸钾溶液洗患部后涂磺胺软膏。泄殖腔脱垂者，用温水将患处冲洗干净后，再用 0.1% 高锰酸钾溶液或 2% 硼酸水溶液冲洗，涂上消炎软膏，并沿肛门括约肌作荷包式缝合。饲料中添加抗生素防止细菌继发感染。

九、感光过敏症

鸭感光过敏症是由于鸭采食含有光过敏物质的饲料，鸭体某部位对阳光照射敏感所产生的一种过敏性疾病。临床上以无毛部位的上喙、足蹼出现水疱和炎症为主要病变特征。

1. 病因

鸭多因采食含有大软骨草籽的光过敏物质或被蜡芽枝霉毒素污染的饲料，或采食如灰灰菜、野胡萝卜、大阿米草、多年生黑麦草等含有光敏原性的植物经阳光照射约 5～14 天发病。吃了不适量的喹诺酮类药也会诱发该病。

2. 症状

发病初期，患鸭表现精神不振，喜伏地，采食量明显减少，走路时摇摆不稳。上喙背侧出现黄豆大水疱，压之有波动感，为浅黄色液体，可连成片，患鸭的嘴逐渐变形，上喙变宽、缩短、扭曲、背侧边缘变厚舌尖外露、部分患鸭眼结膜充血和卡他性炎症，流泪，有浆液性渗出物。眼睑粘连，后期个别鸭眼睛失明。

鸭蹼上出现水疱性皮炎，患部水疱破裂后形成黄色结痂，几天后结痂脱落，变成暗红色，个别病情较严重的患鸭在稀毛处出现皮炎、羽毛脱落（图 5 – 7 至图 5 – 10）。

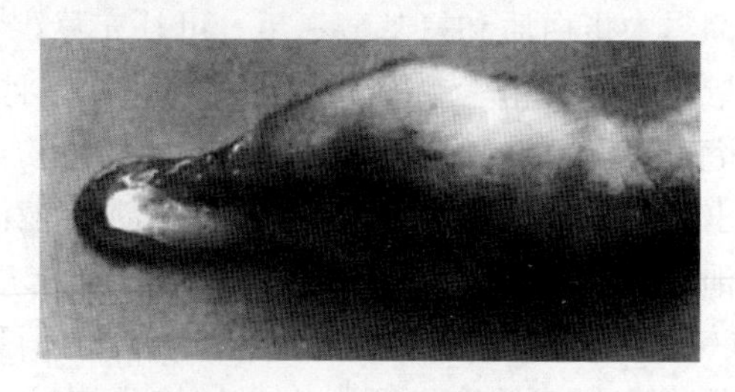

图 5 – 7　上喙出现水疱

（图片引自陈伯伦《鸭病》）

图 5 – 8　上喙变短，表面有出血点

（图片引自陈伯伦《鸭病》）

3. 病理变化

取病死鸭解剖见小肠卡他性炎症，个别患鸭小肠肠腔内有炎性渗出物，心包积液稍多，棕红色，心包膜质脆，肝表面有坏死点，其他脏器未见明显病理变化。

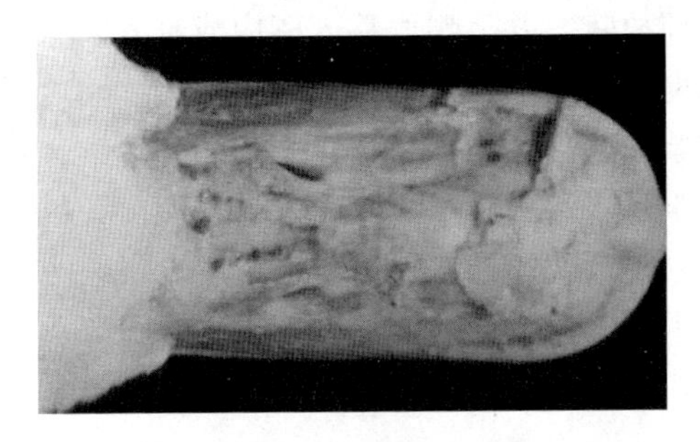

图 5－9　上喙角质层脱落，角质下层出血；

（图片引自陈伯伦《鸭病》）

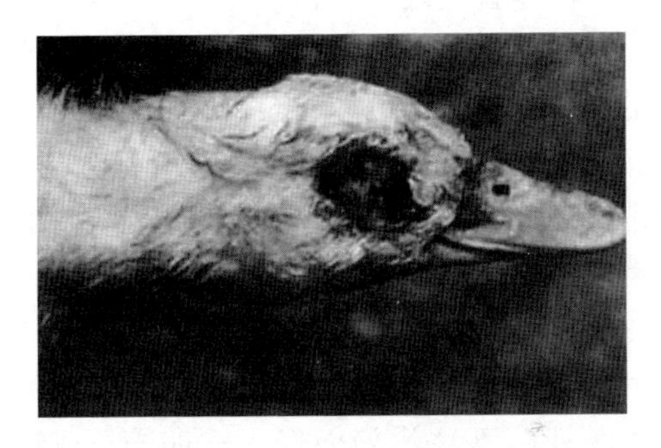

图 5－10　上喙水泡性结痂，露出粉红溃疡面，眼结膜脓性分泌物，眼睑肿胀

（图片引自陈伯伦《鸭病》）

4. 诊断

根据该病特有的症状，患鸭上喙背侧和蹼背侧出现水疱性皮炎，上喙变形、缩短、变宽、两侧变厚，可做初步诊断。

5. 防治

避免食入光过敏物质，夏秋季节，由于日照时间较长，要特别注意对鸭群进行遮阳避光，消除应激因素。

发现病症后立即更换饲料，对放牧的鸭群立即停止在疑是发病的田间草地放牧，并将鸭群移入棚内或赶入阴凉处饲养。避免阳光直接照射。饲料中添加维生素 A、维生素 D、和维生素 E。患部用龙胆紫或碘甘油涂抹，防止其他病菌感染，对有眼炎的患鸭用抗生素眼药水滴眼治疗，同时，合理调配饲料营养物质，加强饲养管理，提高鸭体的抗病力。

鸭光过敏症发病率不高，死亡率很低，只要及时采取有效措施就能迅速控制病情。

十、卵巢炎与输卵管炎

鸭卵巢炎、输卵管炎是鸭、特别是产蛋鸭的一种常见病，临床上以卵巢、输卵管、腹膜发炎为特征，严重时卵泡变形、充血、出血，呈红褐色或灰褐色，甚至破裂，破裂于腹腔中的蛋黄液，味恶臭，有时卵泡皱缩，形状不整齐，呈金黄色或褐色，无光泽，病情稍长时，肠道粘连，输卵管有黄白色干酪样物。病因比较复杂，是威胁养禽业健康发展多发病之一。

1. 病因

禽舍卫生条件太差，泄殖腔被细菌（如白痢沙门氏菌、副伤寒杆菌、大肠杆菌等）污染而侵入输卵管；或饲喂动物性饲料过多，产蛋过大或产双黄蛋，有时蛋壳在输卵管中破裂，损伤输卵管；或产蛋过多、饲料中缺乏维生素 A、D、E 等均可导致输卵管炎。家禽患输卵管炎，往往会引起输卵管脱垂、难产等。

2. 症状

鸭群外观一切正常，但产蛋无高峰期。大多数病鸭卵泡发育正常。有的鸭腹腔内有 6 ~ 7 个成熟的卵子，但是，没有完整功能的输卵管，无法产蛋，其他器官无异常。病禽主要表现为疼痛不安，产出的蛋其蛋壳上往往带有血迹。病鸭腹部下垂。输卵管内经常排出黄、白色脓样分泌物，污染肛门周围及其下面的羽毛，产蛋困难。随着病情的发展，病禽开始发热，而后热退，痛苦不安，呆立不动，两翅下垂，羽毛松乱，有的腹部靠地或昏睡，当炎症蔓延到腹腔时可引起腹膜炎，或输卵管破裂引起卵黄性腹膜炎。

3. 病理变化

病变主要是卵泡变性、变形、充血、出血、坏死或萎缩；输卵管水肿、变粗，内有大量分泌物，腹膜发炎、充血、浑浊，严重的卵泡掉入腹腔，形成卵黄性腹膜炎，肠道与腹膜发生粘连或腹腔肠道、脏器发生粘连；腹腔积有浑浊液体，恶臭或有黄白色干酪样物质。当表现卵黄性腹膜炎时，输卵管壁会变薄，内有异形蛋样物，表面不光滑，切面层呈轮状。有些鸭输卵管无积水，但有盲端或输卵管狭窄或无输卵管口。

4. 防治

平时注意加强饲养管理，改善禽舍卫生条件，合理搭配日粮，并适当喂些青绿饲料。由于本病大多由细菌感染引起，因此，痊愈后的家禽不宜留作种用。

治疗方案一般为继发感染（多为变异传支），主要成分阿莫西林配抗病毒药物，多维饮水。蛋鸭不能使用磺胺类球虫药。建议使用抗病毒药退热药、抗菌消炎、维生素混合饮水，综合治疗3天。

十一、泄殖腔外翻

本病多发生于母鸭/鹅的盛产期。患禽可以是经产母鸭/鹅和初产青年鸭/鹅，但以当年开产的蛋鸭为多见。表现为患禽泄殖腔黏膜红肿，肛周组织溃疡坏死，排白色黏液性粪便恶臭，严重时泄殖腔脱垂。

1. 病因

泄殖腔外翻发炎发生的诱因是饲养环境差，运动场和鸭舍潮湿。在这样的环境中鸭子的抵抗力下降，无法保持肛门周围的清洁，同时环境中充斥着大量的病原微生物，鸭子在产蛋和交配时极易感染细菌引起泄殖腔炎、输卵管炎等生殖器炎症，导致产异常蛋。使用了大量的抗生素后，效果仍不理想。

2. 症状

初期患鸭肛门周围的羽毛较湿润，有时从肛门流出一种白色或黄白色的黏液，继而泄殖腔外翻或垂脱，常呈暗紫红色，有时患鸭因疼痛而不安和鸣叫，如不及时整复处理，可引发炎症和溃疡，甚至坏死。

3. 病理变化

主要表现卵泡变形，易碎，卵黄流入腹腔，输卵管和子宫部水肿、充血，内有黄色或白色豆腐渣样物，直肠充血，肛门周围有出血性溃疡。

4. 防治

要及早发现患鸭，及时隔离治疗。先用温水或高锰酸钾水将患部冲洗干净，然后可按如下手法处理。

（1）把外翻或垂脱部分轻轻推进肛门内，并向泄殖腔内注入冷水或放入小冰块，这既可减轻充血，又可促进它的收缩，利于整复。每日2~3次，2~3天即可恢复。

（2）用绳捆住病鸭双腿，倒吊起来，使头朝下，尾向上，将洗净的脱出部分托送复位，隔一小时后，将鸭放下，口服适量鱼肝油，再倒吊起来，如此反复进行3~4次便可复位，不会再脱出。

（3）用1%普鲁卡因溶液清洗外翻或垂脱部分，并在肛门周围作局部点状麻醉，以减轻发炎和疼痛，减少病鸭的挪动，避免再度脱出。

参考文献

[1] 陈伯论. 鸭病. 北京：中国农业出版社，2008.

[2] 陈国宏，王永坤. 科学养鹅与疾病防治（第2版）. 北京：中国农业出版社，2011.

[3] 陈国宏，王永坤. 科学养鸭与疾病防治（第2版）. 北京：中国农业出版社，2011.

[4] 陈鹏举，贺桂芬，司红彬. 鸭鹅病诊治原色图谱. 郑州：河南科学技术出版社，2012.

[5] 陈溥言. 兽医传染病学（第五版）. 北京：中国农业出版社，2006.

[6] 程安春. 养鸭与鸭病防治（第二版）. 北京：中国农业大学出版社，2005.

[7] 何大乾，卢永红. 鹅高效生产技术手册（第二版）. 上海：上海科学技术出版社，2007.

[8] 黄瑜，苏敬良，王根芳. 鸭病诊治彩色图谱. 北京：中国农业大学出版社，2001.

[9] 江苏省泰州畜牧兽医学校. 鸡鸭鹅疾病防治大全. 北京：中国农业出版社，1994.

[10] 蒋金书. 动物原虫病学. 北京：中国农业大学出版社，2007

[11] 焦库华，陈国宏. 科学养鹅与疾病防治. 北京：中国农业出版社，2001.

[12] 焦库华. 禽病的临床诊断与防治. 北京：化学工业出版社，2003.

[13] 李朝国，张记林. 鸭高效饲养与疫病监控. 北京：中国农业

大学出版社，2003.
[14] 刘福柱，张彦明，牛竹叶. 鸡鸭鹅饲养管理技术大全. 北京：中国农业出版社，2002.
[15] 刘兴友. 鸭鹅病防治. 郑州：中原农民出版社，2008.
[16] 刘炎生，戴鼎震，王贞平. 一学就会的鸭鹅病诊治术（第二版）. 南宁：广西科学技术出版社，2002.
[17] 陆承平. 兽医微生物（第五版）. 北京：中国农业出版社，2012 年.
[18] 陆新浩，任祖伊. 禽病类症鉴别诊疗彩色图谱. 北京：中国农业出版社，2011 年.
[19] 马学恩．家畜病理学（第四版）．北京：中国农业出版社，2007.
[20] 农业都畜牧兽医局译. 陆生动物诊断试验和疫苗标准手册. OIE，2004
[21] 宋铭忻，张龙现. 兽医寄生虫学. 北京：科学出版社，2009.
[22] 苏敬良，高福，索勋译. 禽病学（第十二版）. 北京：中国农业出版社，2012.
[23] 王永坤，朱国强，金山，等. 水禽病诊断与防治手册. 上海：上海科学技术出版社，2002.
[24] 杨光友. 动物寄生虫病学. 成都：四川科学技术出版社，2004
[25] 张乃生，李毓义. 动物普通病学（第二版）. 北京：中国农业出版社，2011
[26] 张秀美. 鸭鹅常见病快速诊疗图谱. 济南：山东科学技术出版社，2012.
[27] 周新民，陈银桂. 鸭高效生产技术手册. 上海：上海科学技术出版社，2002.